Mittheilungen
aus den
Königlichen technischen Versuchsanstalten
zu Berlin.
Herausgegeben im Auftrage der Königlichen Aufsichts-Kommission.

Redacteur: Geheimer Bergrath Dr. Wedding,
Mitglied der Königl. Aufsichts-Kommission.

Ergänzungsheft V. **1888.**

Bericht

über die im Auftrage des Herrn Ministers für Handel und Gewerbe ausgeführten vergleichenden Untersuchungen

von

Seilverbindungen

für

Fahrstuhlbetrieb

Theil I. Ergebniß der Untersuchungen für ruhende Belastung

erstattet von

A. Martens

Vorsteher der mechanisch-technischen Versuchsanstalt

Springer-Verlag Berlin Heidelberg GmbH 1888

ISBN 978-3-662-39165-5   ISBN 978-3-662-40160-6 (eBook)
DOI 10.1007/978-3-662-40160-6

Auf Grund der Ergebnisse einer mit dem Kortüm'schen Seilschloß angestellten Untersuchung auf Festigkeit der Verbindung mit dem Seile ordnete der Herr Minister für Handel und Gewerbe eine entsprechende Untersuchung mit anderweitigen beim Fahrstuhlbetrieb benutzten Seilverbindungen an. Hierbei sollten besonders diejenigen Konstruktionen berücksichtigt werden, welche von der Königlichen technischen Deputation für Gewerbe in einem Bericht vom 12. Februar 1886 namhaft gemacht waren, und zwar sollten die Versuche sowohl auf Festigkeitsprüfungen mit ruhender als auch auf solche mit stoßweis angreifender Last ausgedehnt werden.

Der erste Theil dieser Aufgabe, die Prüfung mit ruhender Belastung, ist nunmehr mit einer großen Zahl von Seilverbindungen vollendet worden. Ueber die hierbei gewonnenen Erfahrungen soll schon jetzt berichtet werden, obwohl der zweite Theil des Auftrages, die Prüfung mit stoßweiser Beanspruchung, noch nicht in Angriff genommen worden ist.

Da ein Vergleich der bei den Voruntersuchungen mit dem Kortüm'schen Seilschloß gewonnenen Ergebnisse mit denen aus der jetzt abgeschlossenen Reihe von Interesse ist, so werden die ersteren vorausgeschickt.

A. Vorversuche mit dem Kortüm'schen Seilschloß.

Die Veranlassung zu diesen Untersuchungen gab das Versagen eines Kortüm'schen Seilschlosses, welches zur Verbindung eines Fahrstuhles mit dem Seile diente. Das Seil war aus dem Schloß herausgeglitten und mit dem fallenden Stuhl war ein Mensch verunglückt. An die Versuchs-Anstalt gelangte der Auftrag, die Festigkeit der Verbindung an demjenigen Schlosse festzustellen, welches das Unglück veranlaßt hatte, ferner an einem aus dem Betriebe entnommenen und endlich an neuen Schlössern. Die Versuche haben die folgenden Ergebnisse geliefert.

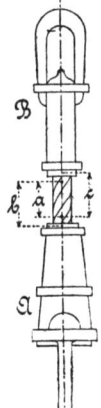

Fig. 1.

a. Untersuchung einer ohne Beanstandung im praktischen Gebrauch gewesenen Kortüm'schen Seilverbindung.

Material. Das Schloß A nebenstehender Skizze wurde mit dem darin befestigten Förderseilende von 40 cm Länge am 29. Juni 1886 durch das Königliche Polizei-Präsidium zu Berlin beschafft und von demselben über den Ursprung dieses Probestückes Folgendes ermittelt:

Das Seil wurde von der Firma Felten & Guilleaume zu Mülheim a. Rh. geliefert, am 1. November 1884 durch einen Monteur des Fabrikanten Kortüm zu Berlin mit dem Schloß verbunden und stand seit diesem Tage in Gebrauch. Die größte Belastung betrug 500 kg. Die Auswechselung erfolgte lediglich zum Zweck der Untersuchung.

Zur Befestigung des freien Seilendes des Probestückes wurde dasselbe am 13. Juli 1886 in der Versuchs-Anstalt und in Gegenwart des Vorstehers durch einen Monteur des Fabrikanten Kortüm mit einem Seilschloß B (Fabrikbenennung X 14) versehen, wobei den Vorschriften „Ueber das Montiren der Kortüm'schen Seilschlösser" entsprechend ein Dorn in den Kopf des Seiles eingetrieben wurde. Diese Vorschriften lauten:

„Ist das Seil etwas zu dünn, oder hat dasselbe auch in den Litzen Hanfseelen, so treibt man, nachdem die Keile eingesetzt worden sind, einen oder einige Dorne (Nagelspitzen) in den Kopf des Seiles. Diese Dorne dürfen aber nicht tiefer hineingetrieben werden, als die Keile. Ist nämlich der innere Raum des Gehäuses nicht gut ausgefüllt, so können die Keile bei der Belastung so tief hineingleiten, daß die Spitzen derselben aus dem Gehäuse hervorlugen und nach und nach eine Zerstörung des Seils herbeiführen."

Das Seil von 13 mm Durchmesser besteht aus einer Hanfseele und 6 Litzen mit je 14 Drähten. In der einen Litze hatten die Drähte sich verschoben, sodaß dieselben um etwa 2 mm klafften.

Die Prüfung wurde auf der Werder-Maschine ausgeführt. Alle hierbei nothwendig gewordenen Aenderungen an der Seilbefestigung sind durch den Gehülfen der Versuchs-Anstalt ausgeführt worden.

Versuchsergebnisse. Zur Bestimmung der Größe der Verschiebung des Seiles, beziehentlich der Keile in den Schlössern wurden an der Probe vier Marken nach vorstehender Skizze festgelegt und die Längenänderungen an denselben mit Hülfe eines Zirkels bestimmt.

	Be-lastung kg	Längen-Abmessungen in mm						Bemerkungen
		a		b		c		
		absolut	Differenz	absolut	Differenz	absolut	Differenz	
	100	30,2	—	37,0	—	36,0	—	
	500	30,3	0,1	37,5	0,5	36,8	0,8	
a	1000	30,5	0,2	38,6	1,1	44,5	8,5	Das Seilende im Schloß B zieht sich durch, ohne die Keile mit vorzuziehen.
	100	30,2	0,0	37,8	0,8	44,0	8,0	Nachdem die Probe aus der Maschine herausgenommen, werden die Keile im Schloß B nachgetrieben.
	100	30,2	—	37,8	—	44,3	—	
	1000	30,5	0,3	39,0	1,2	45,1	0,8	
	1500	30,7	0,2	40,5	1,5	46,7	1,6	
b	2000	—		—		—		Das Seilende im Schloß A zieht sich durch.
	100	31,0	0,8	55,0	17,2	47,8	3,5	Entlastet und die Keile im Schloß A nachgetrieben.
	100	31,0	—	54,6	—	47,5	—	
	2000	31,8	0,8	56,3	1,7	47,7	0,2	
c	2500	—		—		—		Das Seilende im Schloß B zieht sich durch.
	100	31,2	0,2	55,7	1,1	53,2	5,7	Entlastet und die Keile im Schloß B nachgetrieben.
	100	31,2	—	55,8	—	53,5	—	

Seilverbindungen für Fahrstuhlbetrieb.

	Be-lastung kg	Längen-Abmessungen in mm						Bemerkungen
		a		b		c		
		absolut	Differenz	absolut	Differenz	absolut	Differenz	
c	2500	—	—	—	—	—	—	Das Seilende im Schloß B wurde vollkommen durchgezogen. Es zeigte sich, daß die Rücken der Keile verrostet waren, so daß sie nicht frei im Schloß gleiten konnten. Die Rücken der Keile und die Wandungen des Schlosses wurden mit einer Schlichtfeile vom Rost gesäubert und eingeölt, darauf wurde das Seilende mit Hülfe derselben Keile, deren Zähne beim Durchziehen des Seiles abgeschliffen waren, nochmals befestigt und von Neuem geprüft.
	100	32,0	—	38,8	—	37,8	—	Die Marken sind in gleicher Weise, wie vorher, von Neuem festgelegt.
	500	32,2	0,2	39,3	0,5	38,1	0,3	
	1000	32,2	0,0	39,5	0,2	39,0	0,9	
	1500	32,1	—0,1	39,8	0,3	46,0	7,0	Gleiten des Seilendes im Schloß B.
	100	32,0	± 0,0	39,0	0,2	45,8	8,0	Entlastet. Bei Schloß B in den Kopf des Seiles ein Dorn eingetrieben und die Keile festgeschlagen.
	100	31,8	—	38,7	—	45,8	—	
	1500	32,0	0,2	39,8	1,1	46,2	0,4	
	2000	32,0	0,0	40,0	0,2	46,8	0,6	
d	2500	32,0	0,0	41,0	1,0	48,2	1,4	
e	3000	—	—	—	—	—	—	Gleiten des Seilendes im Schloß B. Das Seilende wird vollkommen durchgezogen und unter Anwendung eines Dornes und der alten Keile nochmals befestigt.
	100	—	—	6,4	—	6,4	—	Der geringen Länge des freiliegenden Seiles wegen wurde eine neue Marke nach nebenstehender Skizze festgelegt und deren Entfernung vom Ende der Schlösser mit einem Taster gemessen.
	500	—	—	7,0	0,6	6,8	0,4	
	1000	—	—	7,0	0,0	6,8	0,0	
	1500	—	—	7,2	0,2	8,2	1,4	
	2000	—	—	—	—	—	—	Gleiten des Seilendes im Schloß B; die Keile haben sich schief gestellt und bleiben stecken. Dieselben werden zurückgetrieben, und es zeigt sich, daß der in den Kopf des Seiles eingetriebene Dorn seitlich hervorgetreten ist, so daß die Zähne des einen Keiles nicht in das Seil haben eingreifen können.

Besprechung der Ergebnisse. Aus den Versuchen ergiebt sich, daß in der alten Seilbefestigung A das erste wesentliche Gleiten *b**) bei einer Beanspruchung mit 2000 kg = der 4 fachen Nutzbelastung eingetreten ist; daß die Belastung aber nach)

---

*) Die Cursiv-Buchstaben dienen als Hinweis auf die betreffenden Stellen im vorstehenden Versuchs-Protokoll.

Anziehen der Keile ohne Gefahr für die Haltbarkeit der Befestigung bis auf 3000 kg e oder bis auf die 6 fache Nutzbelastung hat gesteigert werden können.

Dagegen zeigt die neu hergestellte Seilbefestigung anfänglich nur eine Festigkeit von 1000 kg a = der doppelten Nutzlast; durch Nachziehen der Keile wurde dieselbe auf etwa 4—5 fache Nutzlast gebracht c und durch Eintreiben eines Dornes in den Kopf des Seiles zwischen die Keile bis auf mindestens 5 fache Nutzlast gesteigert. d.

Zeigen schon diese Ergebnisse, daß die Güte der Befestigung von wesentlichem Einfluß auf die Sicherheit dieser Seilverbindung ist, so tritt dies besonders bei dem letzten Theil der Versuche zutage, bei dem die Verbindungsfestigkeit infolge mangelhaften Einspannens (schiefes Eintreiben des Dornes und Behinderung der Keilwirkung) auf eine höhere Sicherheit als die kaum 4 fache Nutzlast nicht gebracht werden konnte.

Da das kurze Seilende ein nochmaliges Einspannen nicht mehr gestattete, so mußte der Versuch abgebrochen werden, ohne daß die Bruchfestigkeit der alten Seilbefestigung im Schloß A, beziehentlich die Maximal-Tragkraft des Seiles ermittelt werden konnte.

B. Untersuchung der Festigkeit einer Kortüm'schen Seilbefestigung unter Verwendung alter Keile mit abgeschliffenen Zähnen.

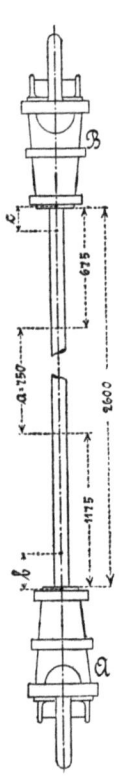

Fig. 2.

Material. Das Schloß A nebenstehender Skizze, dessen Versagen das Unglück bei Benutzung eines Fahrstuhles auf dem Grundstück Zehdenickerstraße Nr. 12b am 6. Januar 1886 veranlaßt hatte, wurde durch die Königliche Kommission zur Beaufsichtigung der technischen Versuchs-Anstalten mit Verfügung vom 25. März 1886 zur Prüfung vorgelegt.

Um die Festigkeit einer mit diesen alten Keilen hergestellten Seilverbindung zu ermitteln, wurde von der Firma C. Kortüm in Berlin ein neues gewöhnliches Transmissionsseil aus geglühtem Bessemer-Stahl-Draht, sowie ein zweites Seilschloß B gleicher Größe bezogen. Der Durchmesser dieses Seiles betrug 16 mm; derselbe ist von dem Monteur des Lieferanten als zu dem Schloß, dessen Fabrikbenennung X 16 sein soll, passend bezeichnet.

Beide Schlösser wurden von dem Monteur des Fabrikanten Kortüm in Gegenwart eines Beamten der Anstalt am Seil befestigt und zwar das alte Schloß A, wie ursprünglich, unter Verwendung eines Dornes, der zwischen die Keile in den Kopf des Seilendes eingetrieben wurde.

Das Seil bestand aus einer Seele und sieben Litzen mit je sieben Drähten; die Seele lag an mehreren Stellen bloß.

Versuchsergebnisse. Die Prüfungen sind auf der Werder-Maschine ausgeführt. Die Verschiebungen des Seiles, beziehentlich der Keile in den Schlössern, sowie die Dehnung des Seiles wurden an Marken gemessen, die auf dem Seile und den Schlössern angebracht waren. Die Messung erfolgte bei Bestimmung der Dehnung durch direktes Anlegen eines Maßstabes, im Uebrigen mit Hülfe eines Zirkels.

Be-lastung kg	Längen-Abmessungen in mm						Bemerkungen
	a		b		c		
	absolut	Differenz	absolut	Differenz	absolut	Differenz	
100	750,0	—	45,5	—	45,7	—	
500	751,5	1,5	46,2	0,7	46,8	1,1	
1000	753,0	1,5	49,0	2,8	50,0	3,2	
1500	754,0	1,0	53,0	4,0	53,8	3,8	
2000	755,5	1,5	56,5	3,5	61,3	7,5	
2500	761,0	5,5	60,8	4,3	68,0	6,7	
3000	782,0	21,0	68,5	7,7	72,8	4,8	
3500	803,0	21,0	74,7	6,2	78,0	5,2	
4000	837,0	34,0	82,0	7,3	84,0	6,0	Der Kolben der hydraul. Presse ist am Ende seines Weges angelangt, daher wird entlastet.
100	832,5	82,5	81,8	36,3	83,2	37,5	Bleibende Längen-Aenderungen. — Nachdem vollkommen entlastet und der Kolben zurückgeführt war, wurde ein neues Zwischenstück (Laterne) in die Maschine eingebaut und der Versuch fortgesetzt.
100	832,5	—	81,8	—	83,2	—	
4000	—	—	—	—	—	—	Bevor diese Belastung wieder erreicht war, erfolgte der Bruch des Seiles. Es rissen 5 Litzen im Schloß B etwa auf halber Keillänge. Der eine Keil war stecken geblieben. Nach beendigtem Versuch wurde die Verbindung bei B gelöst, wobei der andere (der mit dem Seil vorgeschobene) Keil zerbrach. Die Zähne beider Keile zeigten keine wesentlichen Beschädigungen.

C. Fortsetzung zum Versuche B.

Material. Von dem beim Versuche B zerrissenen Seil wurde das beschädigte Ende abgehauen und das Seil nochmals in das Schloß B eingelegt, wobei 2 neue Keile mit je zwei Reihen größerer Zähne verwendet wurden. Ein Dorn wurde hierbei in den Kopf des Seiles nicht eingetrieben.

Versuchsergebnisse. Nur die Verschiebungen des Seiles oder der Keile in den Schlössern wurden nach Maßgabe der Fig. 2 gemessen.

Be-lastung kg	Längen-Abmessungen in mm						Bemerkungen
	a		b		c		
	absolut	Differenz	absolut	Differenz	absolut	Differenz	
100	—	—	34,3	—	38,5	—	
500	—	—	34,3	0,0	38,7	0,2	
1000	—	—	34,5	0,2	38,8	0,1	
1500	—	—	34,6	0,1	39,0	0,2	
2000	—	—	34,8	0,2	40,2	1,2	

Be- lastung kg	Längen-Abmessungen in mm						Bemerkungen
	a		b		c		
	absolut	Differenz	absolut	Differenz	absolut	Differenz	
2500	—	—	34,6	−0,2	41,6	1,4	
3000	—	—	34,7	0,1	43,0	1,4	
3500	—	—	35,0	0,3	46,5	3,5	
4000	—	—	—	—	—	—	Bevor diese Belastung erreicht war, riß im Schloß B zunächst eine Litze und bei weiterem Vorgehen mit dem Preßkolben rissen noch 2 Litzen.

Besprechung der Ergebnisse der Versuche B und C. Ein Durchziehen des Seiles wurde bei diesen Versuchen nicht beobachtet, dagegen schienen die Seilbrüche durch das Abkneifen einzelner Drähte verursacht zu sein. Um den Einfluß einer derartigen Seilbeschädigung auf die Bruchfestigkeit des Seiles festzustellen, wurde ein zweites Probestück desselben Seiles mit Hülfe der Einspannvorrichtungen der Versuchs-Anstalt — System Kortüm — geprüft. Der Bruch erfolgte auch hier am Keil und zwar bei 3800 kg Belastung. Weiter wurden Zerreißversuche mit den einzelnen Drähten aus einer dritten Probe desselben Seiles angestellt, und hierbei wurde die Festigkeit der Drähte auf etwa 71 kg ermittelt. Hieraus berechnet sich die Festigkeit sämmtlicher im Seil enthaltenen 49 Drähte auf $49 \times 71 = 3479$ kg. Eine wesentliche Herabminderung der Bruchfestigkeit des Seiles scheint demnach durch das Eingreifen der Zähne nicht stattgehabt zu haben.

Da das Material des zu den vorbeschriebenen Versuchen B und C verwendeten Seiles demjenigen des bei dem Unfall los gewordenen Seiles an Härte bedeutend nachstand, so erschien es von Werth, den Versuch mit einem Seil aus hartgezogenem Stahldraht zu wiederholen. Um ferner gleichzeitig festzustellen, ob das oben mit A bezeichnete alte Schloß nur für Seile von 16 mm Durchmesser, sondern auch für Seile von 18 mm verwendbar sei, deren eines nach dem Bericht des Königlichen Bauraths Soenderop vom 7. Januar 1886 an dem Ort des Unfalles mit dem Schloß verbunden gewesen ist, wurde der Firma E. Kortüm-Berlin die Lieferung eines Gußstahldrahtseiles von 18 mm Durchmesser in Auftrag gegeben. Der Durchmesser der gelieferten Probe betrug jedoch im Mittel 19 mm, und das Seil konnte daher nicht in das Schloß hineingebracht werden. Von einer nochmaligen Einforderung neuen Probematerials wurde Abstand genommen, um die Erledigung des Auftrages nicht noch weiter hinauszuschieben zu müssen.

Diese Vorversuche hatten gezeigt, daß die Sicherheit des Kortüm'schen Schlosses in besonders erheblichem Grade von der beim Zusammenfügen desselben beobachteten Sorgfalt abhängt, da durch wiederholtes Nachziehen der Keile und Eintreiben eines Dornes die Festigkeit der Verbindung von der doppelten Nutzbelastung auf den fünffachen Betrag gesteigert werden konnte. Das Abkneifen einzelner Drähte durch die Keilzähne ließ vermuthen, daß auch die Festigkeit des Seiles von Einfluß auf die Sicherheit der Verbindung sein würde.

Prüfung von Seilverbindungen verschiedener Konstruktion unter ruhig wirkender Belastung.

I. Arbeitsplan.

Die Aufgabe lautete:

1. Bezüglich des Kortüm'schen Seilschlosses sind die Versuche über den Einfluß der Festigkeit des Seilmaterials auf die Festigkeit der Verbindung (Abkneifen einzelner Drähte durch die Keile) zu vervollständigen.
2. Die Versuche sind auf die Anwendung plötzlicher, stoßartig wirkender Belastung auszudehnen.
3. Es sollen verschiedene Formen der üblichen Seilverbindungen bezüglich ihrer Sicherheit verglichen werden.

Zur Lösung der vorstehenden Aufgaben wurde es als genügend erachtet, die Versuche auf Seile von 18 mm Durchmesser zu beschränken, da diese Seile nach den eingezogenen Erkundigungen bei dem Fahrstuhlbetrieb am häufigsten in Anwendung kommen.

Zu 1. Um den Einfluß der Festigkeit des Seilmateriales auf die Betriebssicherheit des Kortüm'schen Seilschlosses erschöpfend zu erweisen, wurde die Anwendung von drei Seilen gleicher Konstruktion in drei Festigkeitsstufen für das Drahtmaterial als ausreichend angenommen. Es sollten demgemäß Seile aus

a) Holzkohleneisen,

b) Stahldraht,

c) bestem Tiegelgußstahldraht und

d) Schlösser aus der laufenden Fabrikation

zu den Versuchen verwendet und die Kortüm'schen Schlösser mit allen drei Seilarten a—c geprüft werden.

Zu 2. Die Versuche mit stoßweis wirkender Belastung sind aus den im Anfang des Berichtes erwähnten Gründen einstweilen verschoben worden.

Zu 3. Die Versuche zur Vergleichung der Schlösser verschiedener Konstruktion sollten mit dem Seil b aus Stahldraht ausgeführt werden.

Ueber die Versuchsausführung wurde bestimmt, daß im allgemeinen der Vorgang der Prüfung ähnlich, wie bei den unter I mitgetheilten Voruntersuchungen mit dem Kortüm'schen Seilschloß, sein sollte. Hierbei sollten thunlichst solche Verhältnisse der Seilbefestigung gewählt werden, daß alle Einzelheiten und Umstände, welche für die Beurtheilung der Betriebssicherheit von Werth sein konnten, im Ergebniß zum Ausdruck kämen. Alle besonders wichtigen Handhabungen und Erscheinungen beim Einfügen der Seile in die Verbindungstheile, sowie alle Beobachtungen, welche beim Herausnehmen der Seile nach geschehenem Versuch gemacht wurden, sollten aufgezeichnet und in das Protokoll eingetragen werden. In der Regel sollten zwei der zu untersuchenden Seilverbindungen an ein Seilende befestigt und unmittelbar mit einander verglichen werden; hierbei sollte, wenn eine Lösung der Verbindung ohne Zerstörung des Seilen oder der Konstruktion einträte, so lange versucht werden, ob eine bessere Befestigung zu erreichen sein würde, bis die Unmöglichkeit erwiesen wäre, oder ein Bruch stattfände.

Dieser Plan hat indessen nicht immer streng inne gehalten werden können.

II. Versuchsmaterial.

Das Material zu den Versuchen ist größtentheils käuflich erworben, zum Theil aber auch in dankenswerther Weise von den Fabrikanten unentgeltlich zur Verfügung gestellt worden.

a) Die Drahtseile.

Wegen der zweckmäßigsten Konstruktionsform für die den Versuchen zu Grunde zu legenden Drahtseile wurden Verhandlungen mit Fabrikanten von Aufzugseilen gepflogen.

Der Seildurchmesser von 18 mm stand fest. Man hatte von einer Seite wegen der zu erreichenden größeren Seilfestigkeit die Herstellung aus 6 Litzen mit je 7 Drähten von 2 mm Durchmesser mit Hanfseele vorgeschlagen. Da zu befürchten war, daß diese dicken Drähte eine wesentlich geringere Biegsamkeit des Seiles ergeben würden als dünnere, unter den Seilverbindungsstücken aber solche waren, deren Konstruktion eine Biegsamkeit des Seilmateriales wünschenswerth erscheinen ließ, so wurde auch mit Rücksicht darauf, daß das zu der ganzen Untersuchung Anlaß gebende Seil aus dünneren Drähten hergestellt war, die Anwendung von dünnen Drähten in Aussicht genommen und es wurden demgemäß bei der Firma Felten & Guilleaume in Mülheim a/Rh. die in Tab. 1 u. 3 mit a. b. c bezeichneten Seile bezogen. Die Firma hat bereitwilligst diese Seile aus Drähten anfertigen lassen, welche von ihr vor der Verwendung auf Zugfestigkeit geprüft waren, und hat die in Tab. 2 zusammengestellten Werthe mitgetheilt.

Außer den genannten drei Seilen sind noch die Seile e bis f mit den später namhaft zu machenden Seilverbindungen gemeinsam eingeliefert worden. Wo irgend angänglich, sind die Seilfestigkeiten und die Dehnbarkeit in gesonderten Versuchen bestimmt, deren Ergebnisse in Tab. 3 enthalten sind.

Bei der Prüfung der Seile wurde in der in der Versuchs-Anstalt üblichen Weise verfahren. Die Enden der Seilstücke wurden soweit mit dünnen Seilen (Bändseln von 3 bis 3,5 mm Durchmesser) ausgelegt, als sie in die zur Einspannung benutzten großen Einspannvorrichtungen hineinragen. Die Bändsel füllen den zwischen den Litzen verbleibenden Raum so aus, daß die Keilzähne des Schlosses die Drähte nicht beschädigen können. Die Dehnung wird mit dem Anlegemaßstab auf 1 m Meßlänge gemessen. Bei den Seilen d bis f war eine ausführliche Prüfung des Seilmateriales wegen der zu Gebote stehenden geringen Längen der Probestücke nicht möglich.

In den Protokollen und den folgenden Besprechungen sind als Bezeichnung für die einzelnen zur Verwendung gekommenen Seile die Buchstaben a bis f der Tabelle 1 benutzt worden.

Tabelle 1.

Konstruktion der benutzten Seile.

Seile a. b. c. von **Felten & Guilleaume in Mülheim a/Rh.**

a. Holzkohleneisendraht.
b. Stahldraht.
c. Tiegelgußstahldraht.

						a	b	c
Jedes Seil besteht aus:								
6 Litzen	1 getheerte Hanfseele	ist rechts geschlagen	Drall von n Litzen	auf 1 m Länge	n =	45	42	43
Jede Litze besteht aus:								
10 Drähten	1 Drahtseele	ist links geschlagen	Drall von n_1 Drähten	auf 1 m Länge	n_1 =	150	140	140
Jede Litzenseele besteht aus:								
4 Drähten	—	ist links geschlagen	Drall von n_2 Drähten	auf 1 m Länge	n_2 =	210	170	170
Jeder Draht hat einen mittleren Durchmesser von 1,3 mm.								

Seil d. von der **Amerikanischen Aufzugbau-Gesellschaft Otis Brothers & Co., New-York.**

Das Seil besteht aus:						
6 Litzen um	1 ungetheerte Hanfseele	rechts geschlagen	Drall von n Litzen	auf 1 m Länge	n =	42 Litzen
Jede Litze besteht aus:						
12 Drähten um	1 Drahtseele	links geschlagen	Drall von n_1 Drähten	auf 1 m Länge	n_1 =	160 Drähte
Jede Litzenseele besteht aus:						
6 Drähten um	1 Draht als Seele	links geschlagen	Drall von n_2 Drähten	auf 1 m Länge	n_2 =	160 Drähte
Jeder Draht hat einen mittleren Durchmesser von:						1,3 mm

Seil e. von der **Amerikanischen Aufzugbau-Gesellschaft Otis Brothers & Co., New-York.**

Das Seil besteht aus:						Material unbekannt
6 Litzen um	1 getheerte Hanfseele	rechts geschlagen	Drall von n Litzen	auf 1 m Länge	n =	56 Litzen
Jede Litze besteht aus:						
2 Drähten um	1 Drahtseele	links geschlagen	Drall von n_1 Drähten	auf 1 m Länge	n_1 =	200 Drähte
Jede Litzenseele besteht aus:						
6 Drähten um	1 Draht als Seele	links geschlagen	Drall von n_2 Drähten	auf 1 m Länge	n_2 =	110 Drähte
Jeder Draht hat einen mittleren Durchmesser von						1,0 mm

Seil f. von E. Becker, Berlin N.

	Das Seil besteht aus:				Material unbekannt
7 Litzen um	1 schwach getheerte Hanfseele	rechts geschlagen	Drall von n Litzen	auf 1 m Länge	n = 60 Litzen
	Jede Litze besteht aus:				
12 Drähten um	1 schwach getheerte Hanfseele	links geschlagen	Drall von n_1 Drähten	auf 1 m Länge	n_1 = 210 Drähte
	Jeder Draht hat einen mittleren Durchmesser von:				1,0 mm

Tabelle 2.

Festigkeiten der zu den Seilen a—c verwendeten Drähte.

Nach den Versuchen auf dem Karlswerk Mülheim a. Rh. haben die Drähte folgende Festigkeiten ergeben.

Seil a. Geglühter Holzkohleneisendraht.	Seil b. Extra zäher Stahldraht.	Seil c. Bester Patent-Tiegelgußstahldraht.
58 Drähte à 45 kg = 2610	7 Drähte à 110 kg = 770	1 Drähte à 160 kg = 160
23 „ 46 = 1058	3 „ 111 = 333	2 „ 161 = 322
3 „ 47 = 141	4 „ 112 = 448	6 „ 162 = 972
	9 „ 113 = 1017	2 „ 163 = 326
	18 „ 115 = 2070	8 „ 164 = 1312
	4 „ 116 = 464	7 „ 165 = 1155
	6 „ 117 = 702	4 „ 166 = 664
	8 „ 118 = 944	8 „ 167 = 1336
	6 „ 119 = 714	4 „ 168 = 672
	19 „ 120 = 2280	7 „ 169 = 1183
		8 „ 170 = 1360
		2 „ 171 = 342
		5 „ 172 = 860
		3 „ 173 = 519
		7 „ 174 = 1218
		4 „ 175 = 700
		3 „ 176 = 528
		3 „ 178 = 534
84 Drähte zus. kg = 3809	84 Drähte zus. kg = 9742	84 Drähte zus. kg = 14163

Seilverbindungen für Fahrstuhlbetrieb.   13

Ermittelung der Seilfestigkeiten. Tabelle 3.

Seil-zeichen	Seil. Gewicht kg/m g	Seil. Umfang mm U	Seil. Durchmesser mm D	Seil. Querschnitt qmm F	Draht. Zahl z	Draht. Durchmesser mm d	Draht. Gesammt-Querschnitt qmm f	Querschnitts-Verhältniß f/F	Ermittelte Bruchlast sämmtlicher Drähte kg	Versuchs-No.	Ermittelte Bruchlast der Seile kg	Bruch-dehnung %	Bemerkungen
Seil a	0,99	54	17,2	232	84	1,3	112	0,485	3 809	1	3 700	12,0	Bruch innerhalb der Versuchslänge.
										2	3 600	5,7	„ „ „ „ in einer Litze.
										Mittel =	3 650		**32,6 kg/qmm Drahtquerschnitt.**
Seil b	0,98	55	17,5	241	84	1,3	112	0,465	9 742	1	8 750	5,8	Bruch in der Einspannung. 5 Litzen gleichzeitig.
										2	9 000	5,6	„ in der Versuchslänge. 3 „ „
										3	9 000	5,3	„ an der Einspannung. 3 „ „
										4	9 000	5,4	„ in der Versuchslänge. 4 „ „
										Mittel =	8 940		**79,7 kg/qmm Drahtquerschnitt.**
Seil c	1,06	57	18,2	260	84	1,3	112	0,430	14 136	1	12 000	(1,4)	Bruch in der Versuchslänge. 2 Litzen gleichzeitig
										2	12 000	(1,7)	„ „ „ „ 4 „ „
										Mittel =	12 000		**107,0 kg/qmm Drahtquerschnitt.**
Seil d	1,23	61	19,4	296	114	1,3	152	0,514	—	1	9 000	—	Bruch in der Versuchslänge. 1 Litze.
										2	9 250	—	„ „ „ „
										Mittel =	9 125		**60,0 kg/qmm Drahtquerschnitt.**
Seil e	0,91	51	16,2	206	114	1,0	90	0,436	—	1	5 500	—	Bruch in der Einspannung. 3 Litzen gleichzeitig.
										2	5 250	—	„ „ Versuchslänge. 2 „ „
										3	5 250	—	„ an der Einspannung. 3 „ „
										4	5 250	—	„ „ „ „ 2 „ „
										5	5 500	—	„ in der „ 3 „ „
										Mittel =	5 350		**59,4 kg/qmm Drahtquerschnitt.**
Seil f	0,66	52	16,6	216	84	1,0	66	0,305	—	1	11 000	—	Bruch an der Einspannung.
													Das zur Verfügung stehende Seilende war nur sehr kurz.
													166,0 kg/qmm Drahtquerschnitt.

Anmerkung. Die Schaulinien für die Seile a—c sind in untenstehender Fig. 3 dargestellt.

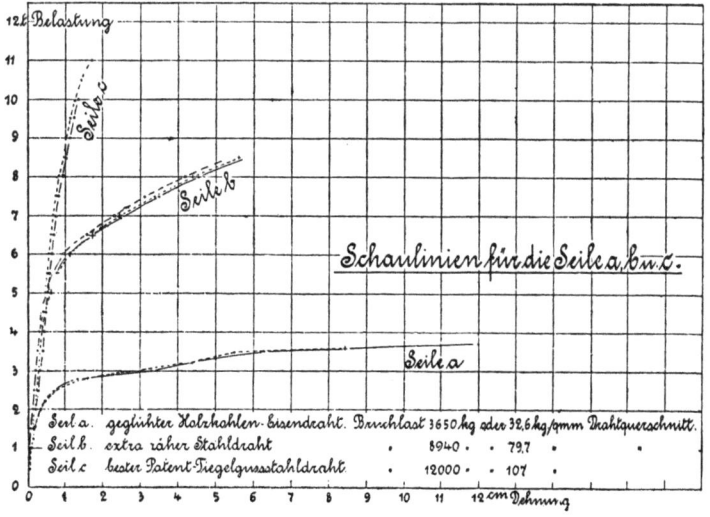

Fig. 3.

b) Die Seilverbindungen.

In Tabelle 4 werden die zur Prüfung gelangten Seil-Verbindungen namentlich aufgeführt. Von einer eingehenden Beschreibung soll an dieser Stelle abgesehen werden, dieselbe soll zur Erhöhung der Uebersichtlichkeit vielmehr in den einzelnen Versuchsprotokollen vorausgeschickt werden. Auch die Einzelskizzen werden soviel wie möglich daselbst untergebracht werden.

Tabelle 4.

Zusammenstellung der geprüften Seilverbindungen.

Be-zeichnung	Geliefert von	Art und Benennung der Probestücke	Zahl der Stücke
A	C. Kortüm, Berlin N.	Kortüm'sche Seilschlösser älterer Konstruktion .	10
		do. do. mit Keilen (Paar) . .	10
B	Derselbe	do. do. neuer Konstruktion . .	6
C	Felten & Guilleaume, Mülheim a. Rh.	Reibungs-Seilgehänge	4
		do. mit Schellen (Paar) . .	4
D	Dieselben	Konische Seilbüchsen mit Ring	3
E	Dieselben	do. do. zum Vergießen, mit eingeschraubtem Kopf	3
F	Dieselben	Kauschen mit Schellen dazu (4 Paar)	2
G	Otis Brothers & Co., New-York	Gehänge für Seile von 18 mm Durchmesser .	4
H	Dieselben	do. do. von 16 mm Durchmesser .	4
I	C. Kortüm, Berlin N.	Schwanenhälse (auf Bestellung)	5
K	C. F. Wischeropp, Berlin N.	do. englischen Ursprungs	3
L	Dingler'sche Masch.-Fabrik in Zweibrücken	Baumann'sche Seilklemme (2theilig)	1
M	Dieselbe	do. Seilklemme (3theilig)	1
N	C. Becker, Berlin N.	Becker'sche Seilverbindungen	2

III. Ergebnisse der Zugversuche.

Alle Versuche sind auf der Werder-Maschine von dem Assistenten Kirsch ausgeführt worden.

Die Einspannung des Seiles erfolgte in der Regel an dem einen Ende mit Hülfe des zu untersuchenden Schlosses, am anderen mit Hülfe der großen Seileinspann-Vorrichtung Kortüm'scher Konstruktion. Diese Einspannvorrichtung ist bereits vor Jahren für die Werder-Maschine beschafft worden und gestattet, Seile von 50 mm Durchmesser und bis zu 100 000 kg Tragfähigkeit zu prüfen. Es wurde stets dafür Sorge getragen, daß die Beweglichkeit der Probe nach allen Richtungen senkrecht zur Richtung der Zugachse hinreichend gesichert war.

A. Kortüm'sche Seilschlösser alter Konstruktion.

Es sind 10 Probestücke mit 10 Paar Einlegekeilen vom Fabrikanten C. Kortüm in Berlin geliefert worden. Die Stücke sind mit den Buchstaben a—k bezeichnet.

Konstruktion und Abmessungen der Schlösser ergeben sich aus Fig. 4—7.

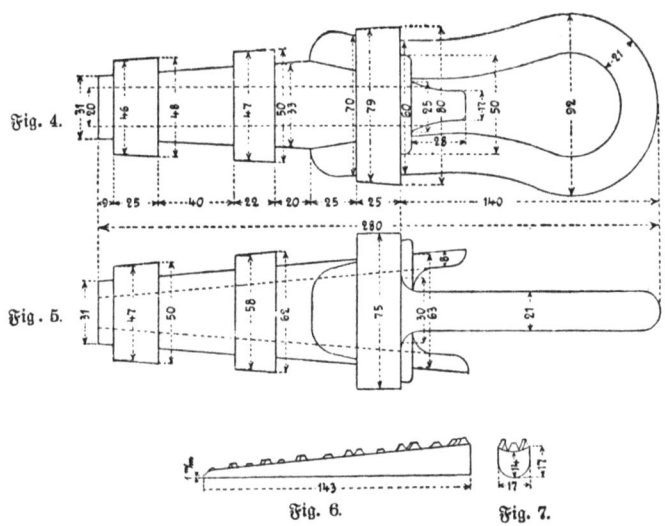

Das Schloß besteht aus einem mit übergezogenen Ringen versehenen Gehäuse von schmiedbarem Guß, welches durch den oberen Ring mit dem Gehängebügel verbunden ist. Die Befestigung des Seiles geschieht durch 2 Beilegekeile, welche an den Greifflächen mit Zähnen versehen wurden, die in Reihen so geordnet sind, daß sie in die Rillen zwischen den Litzen des Seiles eingreifen können. Die Höhe der Zähne nimmt von der Keilspitze aus nach hinten zu, und zwar von 2,5 bis 4,5 mm. Um Sicherheit für eine gute Wirkung der Keile zu haben, war dem Lieferanten ein Probestück vom Seil überwiesen worden. Die Keile sollten sich beim Anspannen des Seiles immer fester in das Gehäuse hineinziehen.

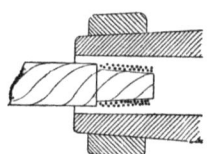

Die Einspannung erfolgte nach Angabe des Lieferanten so, daß das kurz vor dem Ende umbundene Seilende mit der Feile nach Maßgabe von Fig. 8 etwas angespitzt und nach Umwicklung mit Draht in das Schloß eingeführt wurde, nachdem man die erste Umwicklung entfernt hatte. Die sorgfältig nach den Seilwindungen angelegten Keile wurden dann kräftig durch Hammerschläge eingetrieben, bis sie nicht mehr zogen. Das hinten über die Keilenden vorstehende Seilende wurde aufgelöst und die einzelnen Drähte wurden umgebogen. Das Gehäuse ist am hinteren Ende mit 2 Lappen versehen, durch deren Oesen ein Keil getrieben werden muß, wenn das Schloß stoßweiser Beanspruchung ausgesetzt, also ein Schlottern der Keile zu befürchten ist.

Während des Versuchs wurde an der Seilbefestigung nichts geändert; die Keile wurden nicht nachgeschlagen und mußten sich von selbst festziehen. Um das Gleiten der Keile auf ihren Anlageflächen im Gehäuse zu erleichtern, wurden die Keilrücken gehörig geölt.

Versuchs-Ergebnisse.

Tabelle 5.

Seil b aus besonders zähem Stahldraht.

Be-lastung t	Verschiebungen am Schloß		Bemerkungen
	a	b	
0,5	0	0	**Versuch 1.** Schloß a zeigt schon vor dem Versuch am engsten über-
1,0	0	0	zogenen Ringe eine Schweißnaht.
1,5	1,0	1,0	
2,0	2,0	2,0	
2,5	3,5	2,5	
3,0	5,0	4,0	
3,5	6,5	5,0	
4,0	8,0	7,0	
4,5	9,5	8,5	
5,0	11,0	9,5	
5,5	13,0	11,0	
6,0	14,5	12,5	Knacken im Schloß a.
6,5	17,5	14,0	Desgl.
7,0	Bruchlast		spielten eben ein. Bruch des Schlosses. Seil vollkommen unverletzt. Bruchstelle zeigt sehr bedeutende Fehlstellen, ist weißstrahlig und fast gar nicht getempert.
	am Schloß		
	c	b	
0,5	0	14,0	**Versuch 2.** An Stelle von Schloß a wird Schloß c eingespannt.
1,0	1,0	—	
1,5	2,0	—	
2,0	2,5	—	
2,5	4,0	—	
3,0	6,0	—	
3,5	7,5	—	
4,0	8,5	—	
4,5	10,0	—	
5,0	11,0	—	
5,5	12,0	—	
6,0	13,5	—	
6,5	14,5	—	
7,0	—	—	Knistern.
9,0	Bruchlast		Bruch des Seils an Schloß b; 3 Litzen rissen gleichzeitig. Das Seil wird wegen des Zusammenschnellens der Litzen locker und für weitere Versuche unbrauchbar. Die Keile sind ganz unversehrt geblieben, obwohl sie nur mit großer Mühe und durch langes und kräftiges Schlagen mit einem schweren Hammer sich lösen lassen. Die Bähne zeigen geringe Schürfungen. Sie haben nicht genau in den Rillen gesessen, was an den Schürfungen am Seil bemerkbar ist.

Seilverbindungen für Fahrstuhlbetrieb. 17

Be-lastungen t	Verschiebungen am Schloß		Bemerkungen
	c	b	
0,5	0	0	**Versuch 3.** Ein neues Seilstück wird mit Schloß b und c und denselben Keilen, wie bei Versuch 2 verbunden.
1,0	1,0	1,0	
1,5	2,0	2,0	
2,0	4,0	4,0	
2,5	5,5	5,5	
3,0	7,0	7,0	
3,5	9,0	8,5	
4,0	10,5	10,5	
4,5	13,5	12,0	
5,0	14,0	13,5	
5,5	15,0	14,0	
6,0	17,0	16,0	
6,5	18,0	17,5	
7,0	20,0	19,0	*) (9,25 t spielen nicht mehr ein.) Alle Litzen reißen zugleich innerhalb Schloß b, nur drei Drähte hängen noch zusammen. Beide Schlösser unversehrt, nur die Keile sind durch das Herausschlagen nach dem Versuch beschädigt.
7,5	22,0	21,0	
9,0	Bruchlast*)		

Tabelle C. Seile a aus geglühtem Holzkohlen-Eisendraht.

Be-lastungen t	Verschiebungen am Schloß		Bemerkungen
	a	b	
0,5	0	0	**Versuch 4.** Schloß b und c vom Versuch 3. Schloß b mit neuen Keilen, da die alten beim Herausschlagen beschädigt sind.
1,0	1,0	2,0	
1,5	3,0	4,0	
2,0	5,5	6,5	
2,5	8,5	9,5	
2,75	9,5	11,5	
3,00	12,0	14,0	
3,25	14,0	17,0	
3,50	17,0	19,0	ein Draht reißt.
3,70	Bruchlast		Bruch des Seiles innerhalb der Versuchslänge, zwei Litzen nahe am Schloß c.
	am Schloß		**Versuch 5.** Schlösser und Keile wie beim Versuch 4.
	b	c	
0,5	0	0	
0,75	0,5	0,5	
1,00	1,5	1,5	
1,25	2,0	2,0	
1,50	3,0	3,5	
1,75	4,5	5,5	
2,00	5,5	6,5	
2,25	6,5	7,5	
2,50	8,0	9,5	
2,75	10,0	11,0	
3,00	12,0	13,5	
3,25	15,0	16,0	
3,50	17,0	18,0	
3,60	Bruchlast		2 Litzen reißen in der Versuchslänge, an anderer Stelle reißt kurz vorher ein Draht.

Seilverbindungen für Fahrstuhlbetrieb.

Be-lastungen t	Verschiebungen am Schloß		Bemerkungen
	b	c	
0,5	0	0	**Versuch 6.** Schlösser und Keile wie bei Versuch 4.
1,0	1,0	1,0	
1,5	2,5	2,5	
2,0	5,0	5,0	
2,5	7,0	7,0	
3,0	11,0	10,5	
3,25	13,5	12,5	
3,50	16,0	15,0	*) Bruch mit leichtem, dumpfem Ruck; zuerst reißt eine Litze, gleich darauf die zweite in Mitte der Versuchslänge.
3,60	Bruchlast*)		

Tabelle 7.   Seile c aus Patent-Tiegelgußstahldraht.

Be-lastungen t	Verschiebungen am Schloß		Bemerkungen
	d	e	
0,5	0	0	**Versuch 7.** Zwei neue Schlösser d und e mit neuen Keilen.
1,0	1,0	0	
1,5	1,0	2,0	
2,0	3,0	5,0	Knistern; die hinter dem Schloß umgebogenen Drähte biegen sich zurück.
2,5	4,5	8,0	
3,0	6,0	9,0	
3,5	7,0	11,0	
4,0	9,0	12,0	
4,5	10,5	14,0	
5,0	12,0	15,0	
5,5	13,0	16,0	
6,0	15,0	17,0	
6,5	16,0	18,0	Knacken.
7,0	17,0	19,0	
7,5	18,0	20,5	
8,0	19,0	21,0	
8,5	20,5	22,0	*) Schloß d zerreißt im Gehäuse, die Wandung zeigt starke Fehlstellen; schlecht getempert.
10,0	Bruchlast *)		

	am Schloß		
	f	e	
0,5	0	0	**Versuch 8.** Das Seilende mit Schloß d des vorigen Versuches wird abgehauen und mit Schloß f verbunden, zu Schloß f werden neue Keile verwendet. Schloß f zeigt in der Wandung zwischen den beiden größeren Ringen eine Fehlstelle.
1,0	0,5	0	
1,5	1,0	—	
2,0	2,0	—	In Schloß e tritt keine Verschiebung ein, weil es bereits in Versuch 7 mit 10 t belastet war.
2,5	3,0	—	
3,0	5,0	—	
3,5	6,5	—	
4,0	7,8	—	
4,5	9,2	—	
5,0	10,5	—	
5,5	12,0	—	
6,0	13,0	—	
6,5	14,5	—	
7,0	16,0	—	
7,5	17,0	—	
8,0	18,0	—	
8,5	19,0	—	
9,0	—		
11,5	Bruchlast		3 Litzen in Schloß e reißen; Schloß f an der Fehlstelle ein Stück aufgerissen.

Zu den Versuchsergebnissen ist allgemein zu bemerken, daß die Konstruktion der Keileinlagen vom Fabrikanten in letzter Zeit geändert worden ist. Früher waren die Zähne ohne Rücksicht auf den Drall des Seiles vertheilt, während sie jetzt, wie schon zu Anfang hervorgehoben, dem Drall entsprechend so angeordnet sind, daß die Zähne in die Zwischenräume zwischen den Litzen eingreifen. Die durch die Zähne herbeigeführten Beschädigungen der Seildrähte sind nunmehr nicht so groß, als bei der älteren Konstruktion und man konnte vornehmlich wohl aus diesem Grunde bei der Anwendung verschieden harten Seilmateriales keine bemerkenswerthen Unterschiede bezüglich der schädlichen Wirkung der Keile finden. Die gefundenen Schürfungen und Beschädigungen der Drähte können sehr wohl auch beim Herausschlagen der Keile zum Zwecke des Lösens der Verbindung erzeugt sein. Das Lösen geht oft so schwer von statten, daß man gezwungen ist, das Seil kurz vor dem Schloß abzuschneiden und den Kopf sammt Keilen unter Anwendung eines Vorsatzdornes durch kräftige Hammerschläge zurück zu treiben.

B. Kortüm'sche Seilschlösser neuer Konstruktion.

6 Probeschlösser mit 6 Paar Einlege-Keilen wurden vom Fabrikanten C. Kortüm geliefert. Die Stücke sind mit den Buchstaben a—f bezeichnet:

Konstruktion und Abmessungen ergeben sich aus Fig. 9—14.

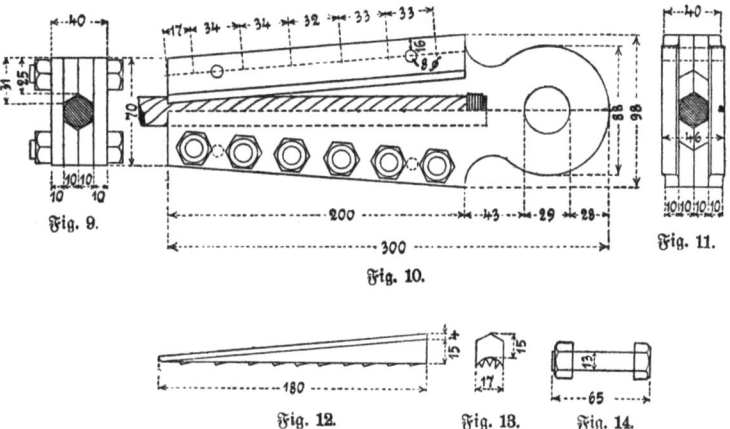

Fig. 9. Fig. 10. Fig. 11.
Fig. 12. Fig. 13. Fig. 14.

Der Grundgedanke der Konstruktion ist der gleiche, wie bei dem älteren Schloß. Man hat jedoch das Schloß aus Schmiedeisen und zum Auseinandernehmen hergestellt. Die Keile haben abgeschrägte Rücken; man kann sie nach Entfernung der einen Schloß= hälfte gemeinsam mit dem Seil von der Seite her einlegen und alsdann durch Anziehen der Schrauben fest an das Seil andrücken. Nach dem erstmaligen Andrücken werden die Schrauben wieder gelöst, das Seil wird mit den Keilen gemeinsam im Schloß nach vorn verschoben und hierauf werden die Keile durch die Schrauben wider fester an das Seil angepreßt. Die Widerlager für die Keilrücken sind durch schmale Blechstücke ge= bildet, welche durch die Schrauben und außerdem durch je zwei zwischen den äußersten Schraubenpaaren angebrachte Dorne mit den Seitenwangen des Schlosses verbunden sind.

Beim Einlegen des Seiles wurden die Keile zunächst genau passend in die Seilrillen eingelegt und dann auf vorbeschriebene Weise dreimal fest angezogen, nachdem ihre Rücken zur Erleichterung dieser Arbeit gehörig eingefettet waren. Nach dem dritten Anziehen hatten die Keile das Bolzenloch freigegeben, so daß der Verbindungsbolzen zur Einspannung in die Maschine durchgeschoben werden konnte.

Bei diesen Schlössern wird das Seil beim Einlegen weniger leicht beschädigt, als es bei der vorbeschriebenen Konstruktion durch das Eintreiben der Keile mit dem Hammer der Fall ist. Auch das Herausnehmen geht wesentlich besser von statten.

Versuchs-Ergebnisse.

Vorbemerkungen: Zur Prüfung wurde Seil b benutzt. Das eine Ende des Probeseiles war mit einem der Schlösser B, das andere mit der gewöhnlichen Seileinspann-Vorrichtung der Versuchs-Anstalt (Kortüm'scher Konstruktion) verbunden. Das Schloß B a war von einem Arbeiter der Firma C. Kortüm, Berlin, am Seil befestigt. In der Seileinspann-Vorrichtung waren die Seilenden mit Bändseln ausgelegt.

Tabelle 8.

Versuchs-Nr.	9	10	11	Bemerkungen
Belastungen t	Verschiebungen am Schloß			
	a	b	c	
0,5	0	0	0	**Versuch 9.** Bruchlast 9,1 t. 3 Litzen rissen am Schloß a. Beim Herausnehmen zeigte sich, daß das Seil zwischen den Keilen an den Stellen zerstört war, wo die ersten Zähne gepackt hatten. Auch einzelne Drähte der nicht völlig zerrissenen Litzen waren eingeschnürt, zerrissen und zerdrückt.
1,0	0,5	1,0	1,0	
1,5	1,0	2,0	7,0	
2,0	3,0	6,5	11,0	
2,5	6,0	9,0	14,0	
3,0	9,0	11,0	17,0	
3,5	12,0	14,0	19,0	
4,0	14,2	15,5	22,0	**Versuch 10.** Bruchlast 9,0 t. 4 Litzen rissen wie beim Versuch 9.
4,5	16,0	17,5	24,0	
5,0	18,0	19,0	26,0	**Versuch 11.** Bruchlast 9,0 t. 4 Litzen rissen wie beim Versuch 9.
5,5	20,0	21,0	27,0	
6,0	21,5	23,0	28,5*)	*) Knistern.
6,5	24,0	25,0	31,0	
7,0	26,5	27,0	33,0	
7,5	29,5	29,0	36,0	
8,0	32,5	32,0	38,5	
8,5	34,56**)	34,0	41,0	**) Bevor 8,75 t zum Einspielen kamen, zog sich das Seil aus dem großen Schloß unmäßig heraus. Nachdem die Keile durch Schläge fest angezogen sind, wurde der Versuch fortgesetzt.
9,0	—	Bruchlast	Bruchlast	
9,1	Bruchlast			

Besonders zu bemerken ist, daß alle Seile an der Eintrittsstelle des Seiles in das Schloß reißen.

C. Reibungs-Seilgehänge.

4 Gehänge nebst 4 Paar Schellen wurden von der Firma Felten & Guilleaume in Mülheim a. Rh. geliefert. Die Stücke sind mit den Buchstaben a—d bezeichnet. Konstruktion und Abmessungen ergeben sich aus Fig. 15—18.

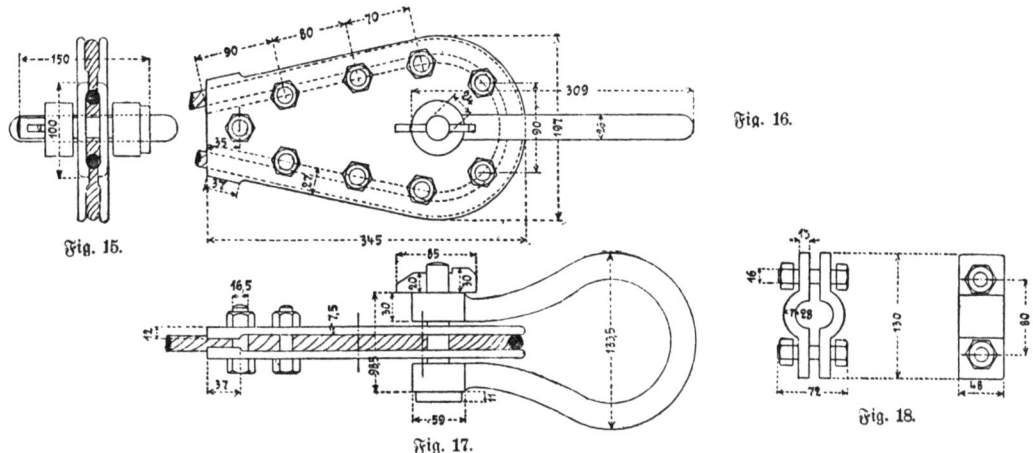

Fig. 15. Fig. 16. Fig. 17. Fig. 18.

Das Reibungsgehänge besteht aus zwei Blechwangen, welche durch eine Reihe von Schrauben gegen das außen um letztere geschlungene Drahtseil gepreßt werden. Die beiden Wangen sind durch Bolzen und Bügel mit dem Fördergeräth verbunden. Sowohl die Reibung des Seilendes zwischen den Wangen als auch diejenige zwischen den beiden zur größeren Sicherheit angebrachten Schellen ist das bei dieser Seilverbindung wirksame Mittel.

Um den Einfluß der einzelnen Theile dieser Seilverbindung genau zur Darstellung zu bringen, sollte zunächst ein Seil ohne Schellen eingespannt und die Belastung bis zum Gleiten oder bis zum Bruch gesteigert werden. Als Gleiten des Seiles sollte hierbei der Zustand bezeichnet werden, in welchem am Seile neben Schraube Nr. 9 Fig. 19 eine sichtbare Verschiebung bemerkbar wurde. An den übrigen Schrauben müssen, wenn die Reibung auf der ganzen Schleifenlänge zur Wirkung kommen soll, schon vorher Verschiebungen stattfinden. In dem Augenblick, wo auch an der letzten

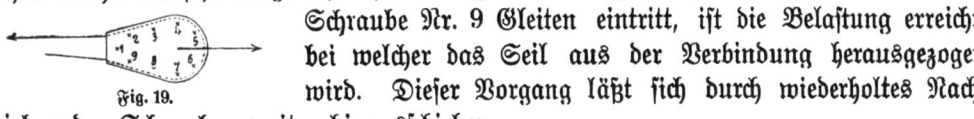

Fig. 19.

Schraube Nr. 9 Gleiten eintritt, ist die Belastung erreicht, bei welcher das Seil aus der Verbindung herausgezogen wird. Dieser Vorgang läßt sich durch wiederholtes Nachziehen der Schrauben weiter hinausschieben.

Die Vorschrift des Fabrikanten lautet daher:

„Beim Anbringen der Reibungs-Seilgehänge sind die Muttern fest anzuziehen und nach kurzem Gebrauche, wie auch später von Zeit zu Zeit nachzuziehen".

Die Einspannung geschah so, daß das Seilende zunächst lose um die Schrauben geschlungen und die Schleife vor dem Schloß vorläufig durch ein Paar Schellen geschlossen wurde. Nachdem nun das Seil durch eine Belastung von 0,5 t in der Maschine stramm um die Schloßschrauben gezogen war, wurden letztere so fest als möglich angezogen und hierauf die Schellen wieder entfernt.

Um die Verschiebungen des Seiles zwischen den Wangen und die Formänderungen des Schlosses messen zu können, wurden vor dem Versuch neben den Schrauben Nr. 2 und 9 Strichmarken a und b auf den Wangen und am Seil angebracht; ferner wurden die Dicken c und d zwischen den Wangenaußenflächen unmittelbar neben denselben Schrauben gemessen und endlich wurde das Weitenmaß e für den Gehängebügel niedergeschrieben. (Vergl. Fig. 20 und 21.)

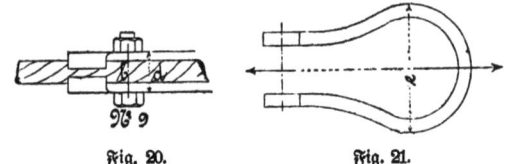

Fig. 20. Fig. 21.

Bei den Versuchen wurde der Einspannbolzen der Maschine (70 mm Durchmesser) direkt durch den Bügel gesteckt; es war also die freie Beweglichkeit genügend gesichert.

Versuchs-Ergebnisse.

Vorbemerkungen: Zu den Prüfungen wurde Seil b benutzt.

Versuch 12. Die Schlösser a und b werden benutzt. Die Belastungen werden um Vierteltonnen gesteigert und jedesmal im Einspielen erhalten, bis die Messungen erledigt sind.

Tabelle 9.

Belastungen t	Schloß a Abmessungen an den Marken					Schloß b Abmessungen an den Marken					Bemerkungen
	a	b	c	d	e	a	b	c	d	e	
0,5	0	0	28,3	29,3	188,5	0	0	28,7	29,3	180,0	Bei 1 t haben sich die Schlösser in die Zugrichtung eingestellt.
2,75	1,0	—			188,0	—				179,0	
3,00	2,0	—			179,0	2,0	—			177,0	
4,00	3,0	—			174,0	3,0	—			174,0	
5,00	5,5	—			170,0	5,0	—			171,0	
5,75	7,5	0,5			169,0	8,0	0,5			169,0	Nach 5 Min. gemessen, da Verschiebungen b noch zu gering sind.
6,00*)	7,5	0,5			167,0	8,0	0,5			165,0	Die Gehängebolzen biegen sich in Schloß a und b; Seil sitzt noch fest.
7,00	9,5	1,0			162,0	10,5	1,0			162,0	
7,75	Bruch					Bruch					Zuerst reißt eine Litze an Schloß a, gleich darauf 3 Litzen an Schloß b.

*) Bei 6 t sind die Wangenbleche noch unverändert. Es wird entlastet und alles genau untersucht. Außer den bereits beobachteten sind keine Veränderungen nachweislich. Das Seil wird wieder eingelegt und weiter belastet.

Als Veranlassung zur Zerstörung muß der Zwischenraum angesehen werden, welcher zwischen den Lappen a (Fig. 22 u. 23) der Wangenbleche verblieb. In diesen

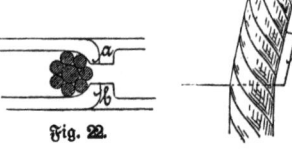

Fig. 22. Fig. 23.

Spalt ist eine der Litzen hineingedrängt und beschädigt worden. Beim Herausnehmen des zerrissenen Seiles zeigte sich, daß das Herausgleiten des Seiles auch bei stärkerer Belastung kaum erwartet werden darf, weil sich das Seil zwischen den Schraubenschäften gerade gestreckt hat und polygonartig die Schäfte umschließt. Hierbei sind sogar einzelne Drähte vollkommen zerdrückt.

Verſuch 13. Dieſelben Schlöſſer a und b werden auf gleiche Weiſe, wie bei Verſuch 12, mit einem neuen Seile verbunden. Außerdem werden Schellen aufgeſetzt nach Maßgabe von Fig. 24. In ähnlicher Weiſe, wie bei Verſuch 12, werden Marken angebracht, an welchen die Seilverſchiebungen gemeſſen werden. (Fig. 24.)

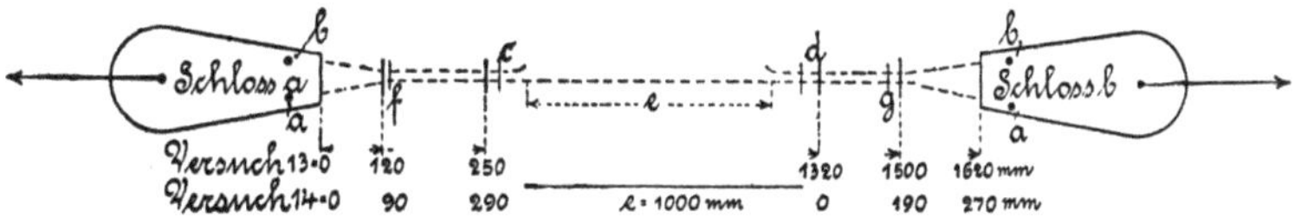

Fig. 24.

Tabelle 10.

Belaſtungen	Verſchiebungen in Millimetern bei							Bemerkungen
	Schloß a			Schloß b			Marke	
t	a	b	e	a	b	e	c	d	
0,5	0	0	162	0	0	162	0	0	Erſt bei 4 t zeigt eine Verſchiebung an allen Marken den Beginn des Herausziehens an. Das Ventil der Maſchine muß 5 Min. lang aufbleiben, ehe ein feſtes Einſpielen ſtattfindet. Das erſte Schellenpaar bei c und d wird feſter angezogen.
1,0	—	—	—	—	—	—	—	—	
1,5	—	—	—	—	—	—	—	—	
2,0	—	—	—	—	—	—	—	—	
2,5	—	—	—	—	—	—	—	—	
3,0	—	—	—	—	—	—	—	—	
3,5	—	—	—	—	—	—	—	—	
4,0	1,5	0,5	161	1,0	0	161	4,0	4,0	
4,5	2,0	0,5		2,0	0		7,0	6,5	Schellen bei c und d nachgezogen.
5,0	2,0	0,5	159,5	2,0	0	159	7,5	7,0	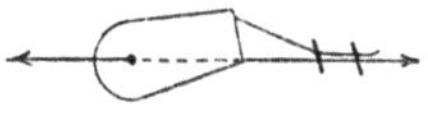
5,5	5,0	0,5		3,5	0		10,0	9,0	
6,0	6,0	0,5	159,5	4,5	0	159	15,5	12,0	Sämmtliche Schrauben nachgezogen.
6,5	6,0	0,5		4,5	0		16,0	13,5	Die Schlöſſer verſchieben ſich mehr und mehr (ſ. Skizze).
7,0	7,0	0,5	159,5	5,5	0	159	23,0	17,0	Die Schellen haben ſich im Sinne der Seilaufdrehung gedreht.
7,5	11,0	0,5		8,0	0		35,0	24,0	
8,0	11,0	0,5	159,5	8,0	0	159	36,0	26,0	Wegen Gefahr mit den Meſſungen aufgehört.
8,75	Bruchlaſt								Zuerſt reißt an der Schelle d 1 Litze, dann 2 andere und die Hanfſeele.
Nach dem Bruche			157,5			156,5			

Das Seil iſt, abgeſehen von den Druckſtellen, an den Schraubenbolzen des Schloſſes unverſehrt. Die Schlöſſer ſind bis auf die oben angeführten Verbiegungen der Bügel und die Verbiegungen der Wangenbleche infolge des Anziehens der Schraube Nr. 1 unverändert geblieben.

Verſuch 14. Die Schlöſſer c und d werden auf gleiche Weiſe, wie bei Verſuch 13, mit einem neuen Seile verbunden. Schellen werden nach Maßgabe von Fig. 24 aufgeſetzt. Die Verſchiebungen werden an den Marken (vergl. Fig. 24) gemeſſen.

Tabelle 11.

Be-lastungen t	Verschiebungen in Millimetern									Ver-längerung des Seiles e	Bemerkungen
	Schloß c		Schloß d			Schellen					
	a	b	a	b	e	c	f	d	g		
0,5	0	0	183,5	0	0	179	0	0	0	0	0
1,0	—	—	—	—	—	—	—	—	—	—	
1,5	—	—	—	—	—	—	—	—	—	—	
2,0	—	—	—	—	—	—	—	—	—	0,5	
2,5	—	—	183	—	—	179	—	—	—	1,0	Gehängebolzen biegt sich.
3,0	—	—	—	—	—	—	—	1,0	—	1,5	Gehängebolzen wird krumm.
3,5	—	—	183	—	—	178	—	—	2,0*)	—	2,0	*) Schelle d angezogen.
4,0	—	—	—	—	—	—	1,0	—	2,0	—	2,0
4,5	0,5	—	180	—	—	176	1,5	1,0	2,0	—	2,5
5,0	0,5	—	—	0,5	—	—	2,0	1,5	2,0	—	3,0
5,5	1,0	—	173	1,0	—	170	5,0	3,0*)	3,0	1,0	5,0	*) Schelle f angezogen.
6,0	2,0	—	—	1,0	—	—	6,0	4,0	5,0	2,5	9,0
6,5	2,0	0,5	165	2,0	0,5	164	7,0	5,0	7,5	5,0	15,0
7,0	4,0	0,5	—	3,0	0,5	—	15,0	10,0	nicht meßbar	16,0	23,0	Schlösser stellen sich zur Zugrichtung ein, wie bei Versuch 13; Knistern im Seil.
8,75	Bruchlast										Zuerst reißt an Schelle d 1 Litze, dann 2 andere.

Nach dem Bruche ist das Maß e beim Schlosse c = 153,5 und bei Schloß d = 153,0 mm. Einige Schloßschrauben sind im Gewinde zerdrückt, weil die Löcher in den beiden Wangenblechen nicht genau zu einander passen und folglich beim Anziehen aller Schrauben die nicht passenden Bolzen seitliche Pressungen erhalten. Das Seil hat sich wieder polygonal um die Schraubenbolzen gelegt; besonders an den stärksten Knickpunkten bei den Schrauben 6 (Fig. 16) sind einige Drähte zerdrückt.

Im Allgemeinen ist zu den vorstehenden Versuchsergebnissen zu bemerken, daß sowohl Schloß, wie Schellen sich im Verlauf des Versuches schief einstellen — ersteres, weil die Austrittsstelle des Seiles aus dem Schloß nicht in die Zug-Mittellinie fällt und letztere, weil sich die beiden Seilenden gegen einander in entgegengesetzter Richtung verschieben. Durch das Schiefstellen wird die abkneifende Einwirkung der Schloß- und Schellenkanten vermehrt; der Bruch des Seiles tritt deswegen an diesen Stellen ein. Die Gehängebügel zeigen wegen ihres großen Radius erhebliche Verbiegungen. Der Gehängebolzen wird bei 3,0 t Belastung bereits krumm.

D. Konische Seilbüchsen mit eingelegtem Ring.

Drei Seilbüchsen mit Ringen wurden von der Firma Felten & Guilleaume geliefert. Die Stücke sind mit den Buchstaben a—c bezeichnet.

Konstruktion und Abmessungen ergeben sich aus Fig. 25 und 26.

Seilverbindungen für Fahrstuhlbetrieb.

Bei dieser Seilverbindung wird das Seilende in einem konischen Gehäuse befestigt, indem man es dem letzteren entsprechend konisch gestaltet. Zu dem Zwecke wird über das Seilende ein Ring von konischem Querschnitt geschoben, über welchen die aus dem Seil gelösten Drahtenden nach außen umgebogen werden. Hierbei schneidet man letztere verschieden lang ab und umwickelt schließlich das Ganze mit Bindedraht, so daß ein zum Schloß passender Konus entsteht. Bei Schloß a wurden von den 6×14 Drähten je 14 Stück um $^5/_6$, $^4/_6$, $^3/_6$, $^2/_6$ und $^1/_6$ der Schloßlänge (114 mm) gekürzt und über den Ring so umgebogen, daß die unverkürzten 14 Drähte bis vorn an die Schloßmündung reichten (Fig. 27). Bei Schloß b wurde das Maß der Verkürzung etwas kleiner gewählt.

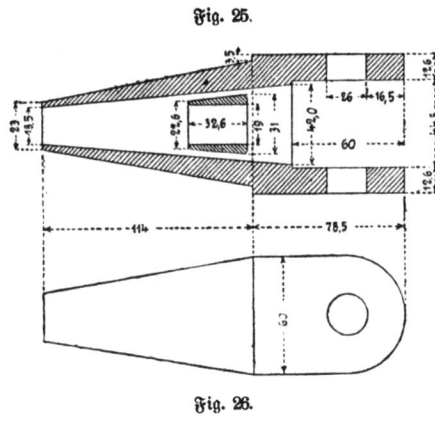

Fig. 25.

Fig. 26.

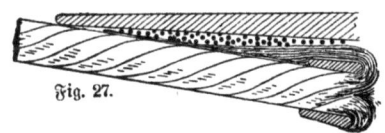

Fig. 27.

Da bei dieser Art von Seilverbindungen die Güte der Zusammenfügung eine wesentliche Rolle spielt, so sollte dieser Umstand möglichst zum Ausdruck kommen und deswegen an Stelle des versagenden Schlosses jedesmal ein frisch eingespanntes gesetzt werden.

Versuchs-Ergebnisse.

Zu den Prüfungen wurde Seil b benutzt.

Tabelle 12.

Be-lastungen t	Verschiebungen am Schloß		Bemerkungen
	a	b	
0,5	0	0	**Versuch 15.** Seilbüchse a und b.
1,0	8	6	
1,5	16	11,5	
2,0	20	15	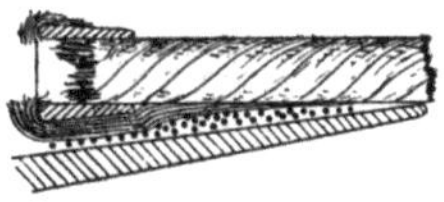 Fig. 28
2,5	23,5	18,5	
3,0	27	21	Knistern.
3,5	30	23	
4,0	33	25	Erneutes Knistern. Seil zieht sich aus Schloß a heraus. Alle Drähte sind gemäß Fig. 28 am oberen Rande des eingelegten Ringes abgerissen. Formänderungen an den Büchsen waren beim Wiederausmessen nicht nachweisbar.

26 Seilverbindungen für Fahrstuhlbetrieb.

Be-lastungen t	Verschiebungen am Schloß		Bemerkungen
	a	b	
0,5	0	0	**Versuch 16.** Schloß a wird nochmals genau so, wie vorher Schloß b eingespannt.
1,0	0	—	
1,5	4	—	
2,0	12	—	
2,5	19,5	—	Bei Schloß a zieht sich das Seil soweit heraus, daß die Umwickelungen sichtbar werden.
3,0	29	—	
3,5	36	—	
4,0	40	—	
4,5	43	0,5	
5,0	45,5	2	Bei 5,25 t Knistern im Schloß b.
5,5	47,5	5	
5,75	50	6	
6,0	51	7	*) Bruch im Schloß a, wie beim Versuch 15, untere Oeffnung der Büchse von 18,5 auf 19,5 mm vom Seil aufgerieben.
6,25	Bruchlast *)		
0,5	0	0	**Versuch 17.** Schloß a wird nochmals befestigt.
1,0	8	—	
1,5	18	—	
2,0	23	—	
2,5	29	—	
3,0	32	—	
3,5	37	—	Knistern im Schloß a.
4,0	45	0	
4,25	Bruchlast		Bruch im Schloß a, wie beim Versuch 15. Nach dem Herausnehmen zeigt sich auf der konischen Leibung im Innern des Schlosses a ein Vorsprung von etwa 1,5 mm Dicke, welcher wahrscheinlich das Festziehen verhinderte. Deswegen konnte der zur Erzielung einer ausreichenden Reibung nothwendige Seitendruck nicht erzeugt werden und das Seil hing nur an den Drähten am inneren Ring. Da sich die Unebenheit nicht abarbeiten läßt, so wird bei der weiteren Prüfung Schloß a durch Schloß c ersetzt. Die Einspannung geschieht wie bei Schloß b.
	c	b	
0,5	0	0	**Versuch 18.** Schloß c wird an Stelle von Schloß a befestigt.
1,0	6	—	
1,5	14	—	
2,0	21	—	
2,5	25	—	
3,0	28,5	—	
3,5	32	—	
4,0	35	—	
4,5	38	—	
5,0	41	—	
5,5	45	0,5	
6,0	48,5	0,5	Knistern.
6,5	51,5	1,0	Bruchlast. Bruch wie früher (bei Versuch 15) in Schloß c.

Seilverbindungen für Fahrstuhlbetrieb. 27

Be-lastungen t	Verschiebungen am Schloß		Bemerkungen
	c	b	
0,5	0	0	**Versuch 19.** Schloß c wird wiederum, wie Schloß b eingespannt.
1,0	7	—	
1,5	12	—	
2,0	17	—	
2,5	20	—	
3,0	22	—	
3,5	25	—	
4,0	27	—	
4,5	28	—	
5,0	30	—	
5,5	31	0,5	
6,0	33	0,5	Knistern.
6,5	34,5	0,5	**Bruchlast.** Bruch wie früher (bei Versuch 15) in Schloß c.
0,5	0	0	**Versuch 20.** Schloß c wird wiederum eingespannt, aber es wird an Stelle der Hanfseele ein cylindrischer eiserner Dorn von 7,3 mm Durchmesser auf etwa ²/₃ der Anschlußlänge eingelegt.
1,0	7	—	
1,5	12	—	
2,0	15	—	
2,5	18,5	—	
3,0	21	—	
3,5	23	—	
4,0	25	—	
4,5	26,5	—	
5,0	28	0,5	
5,5	29,5	0,5	Knistern in Schloß c.
6,0	31	0,5	
6,5	33,5	1,0	**Bruchlast.** Bruch wie früher (bei Versuch 15) in Schloß c. Da der Dorn zu dünn gewesen sein mag, so wird beim nächsten Versuch ein dickerer eingelegt.
0,5	0	0	**Versuch 21.** Schloß c wird wiederum, aber mit einem Dorn von 10 mm Durchmesser eingespannt.
1,0	6	—	
1,5	10	—	
2,0	13,5	—	
2,5	16	—	
3,0	18	—	
3,5	20	—	
4,0	21,5	—	
4,5	23,5	—	
5,0	24,5	—	
5,5	26,5	—	
6,0	27,5	0,5	
6,5	29,0	0,5	
7,0	30,5	2,5	Knistern in Schloß b.
7,25	31,5	4,5	desgl. Bruch wie früher (bei Versuch 15), aber in Schloß b.

28 Seilverbindungen für Fahrstuhlbetrieb.

Be-lastungen t	Verschiebungen am Schloß		Bemerkungen
	c	b	
0,5	0	0	**Versuch 22.** Schloß b wird jetzt, wie vorher Schloß c, mit einem Dorn
1,0	—	5	von 10 mm Durchmesser wieder eingespannt.
1,5	—	10	
2,0	—	12	
2,5	—	14,5	
3,0	—	17	
3,5	—	18,5	
4,0	—	20	
4,5	—	21,5	
5,0	—	22,5	
5,5	—	25	
6,0	—	26,5	
6,5	—	27,5	
7,0	—	29,5	Knistern in Schloß b.
7,25	0,5	30,5	desgl.
7,50	0,5	33	desgl.
7,75	1,5	33	desgl. und in Schloß c.
8,00	Bruchlast		Bruch in Schloß b, wie früher bei Versuch 15.
0,5	0	0	**Versuch 23.** Das herausgezogene Seilende wird, wie vorher, mit Schloß b
1,0	—	7	verbunden, nur noch etwas kräftiger umwickelt.
1,5	—	13	
2,0	—	16	
2,5	—	19,5	
3,0	—	22	
3,5	—	23,5	
4,0	—	25	
4,5	—	27	
5,0	—	28	
5,5	—	30	
6,0	—	31	
6,5	—	32	Bei 6,75 t Knistern in Schloß b.
7,0	0,5	35	
7,5	0,5	37,5	Bruch wieder in Schloß b, wie früher bei Versuch 15.
0,5	0	0	**Versuch 24.** Das herausgezogene Seilende wird, wie vorher, nur noch
1,0	—	6	stärker umwickelt, mit Schloß b verbunden.
1,5	—	11	
2,0	—	15	
2,5	—	18,5	
3,0	—	20,5	
3,5	—	23	
4,0	—	26	
4,5	—	28,5	
5,0	—	30	
5,5	—	31	
6,0	—	33	
6,5	—	35	
7,0	—	36	
7,5	0	38	Knistern in Schloß b.
7,75	—	—	
8,00	Bruchlast		Bruch wieder in Schloß b wie früher bei Versuch 15. Durch das häufige Herausziehen des zu Bruche gegangenen Seilendes ist die vordere Schloßöffnung auf 19,8 mm aufgerieben.

Zu den Versuchsergebnissen ist zu bemerken, daß sie den Einfluß der bei der Zusammenfügung ausgeübten Sorgfalt auf die Festigkeit der Verbindung beweisen; denn man konnte die Bruchfestigkeit von 4 t auf 8 t erhöhen. Die Ursache für die geringe Tragfähigkeit der Verbindung muß vor Allem darin gesucht werden, daß die Seilspannung vorwiegend durch die über den Ring gebogenen und außen an demselben anliegenden Drähte auf die Büchse übertragen wird. Der Ring nimmt den Haupttheil des durch die konische Form der Büchse erzeugten Seitendruckes auf; das denselben enthaltende Stück des Seilkopfes wird sich deswegen leichter festklemmen, als der in die Büchse eintretende dünnere Theil des umwickelten Seiles. Das Seil wird deshalb verhindert, gleich beim Eintritt einen gehörigen Betrag seiner Spannung durch Reibung an die Büchse abzugeben, und die Folge ist, daß die Drähte an ihren gebogenen Enden am Ringe noch mit großer Spannung hängen. Diese Spannung muß in den einzelnen Drähten nothwendig sehr verschieden hoch sein, weil es ganz unmöglich ist, die Drähte so gleichmäßig über den Ring zu biegen, daß alle gleichzeitig zur Anlage und damit zur Wirkung kommen. Die Folge ist, daß ein Draht nach dem andern abreißt, daher das Knistern während des Versuches und die ganz gleichmäßige Ausbildung des Bruchtrichters an allen Drähten. Man erkennt an den letzten Versuchsergebnissen unschwer, welchen Erfolg nach Einschiebung des Dorns an Stelle der Seele eine festere Umwickelung namentlich des Eintrittsendes hat.

E. Konische Seilbüchsen zum Vergießen.

Drei Seilbüchsen zum Vergießen und das hierzu erforderliche Weißmetall wurde von der Firma Felten & Guilleaume geliefert. Die Stücke sind mit den Buchstaben a—c bezeichnet.

Konstruktion und Abmessungen ergeben sich aus Fig. 29 und 30.

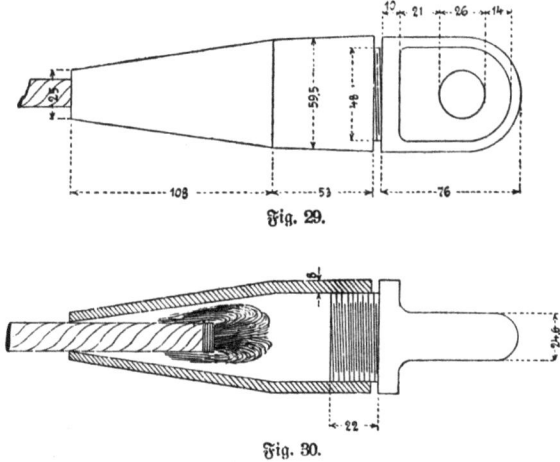

Fig. 29.

Fig. 30.

Bei dieser Seilverbindung wird das Seilende in seine Drähte aufgelöst. Die Drahtenden werden verzinnt und umgebogen, so daß sie einen wirren, äußerlich konisch geformten Kopf bilden, welcher in den konischen Hohlraum der Seilbüchse paßt. Letztere ist verzinnt und wird nach vorherigem Anwärmen mit dem Seilkopf durch Eingießen von Weißmetall verbunden. Die Gehängeöse wird durch Einschrauben mit der Büchse verbunden.

Versuchs-Ergebnisse.

Zu den Prüfungen wurde Seil b benutzt. Bei allen Versuchen ist das eine Seilende mit der konischen Seilbüchse, daß andere mit der großen Kortüm'schen Einspannvorrichtung verbunden.

Tabelle 13.

    Versuch 25.   Seilbüchse a.

Bei 3,7 t Lautes Knacken in der Seilbüchse.
  „ 6,5 t Das Seil hat sich um 1 mm herausgezogen.
  „ 7,0 t Das Seil hat sich um 2 mm herausgezogen.
  „ 8,8 t Bruch in der großen Einspannvorrichtung.

        Das eingegossene Metall zeigt in der Büchse einen ringförmigen Riß, dessen Durchmesser etwa gleich dem Seildurchmesser ist.

    Versuch 26.   Seilbüchse b.

        Das Seilende, welches in die große Einspannvorrichtung kommt, wird zuvor mit Bändseln ausgelegt.

Bei 6,5 t ist das Seil um 1 mm herausgezogen.
  „ 8,8 t ist das Seil um 4 mm herausgezogen.
  „ 9,0 t Bruch innerhalb der Versuchslänge — 4 Litzen zerrissen.

    Versuch 27.   Seilbüchse c.

Bei 8,9 t Bruch innerhalb der Versuchslänge — 3 Litzen zerrissen.

Diese Seilbefestigung läßt offenbar die ganze Seilfestigkeit zur Ausnutzung kommen, denn obwohl bei Versuch 25 in dem eingegossenen Metallkörper eine Trennung wahrscheinlich schon bei 3,7 t eingetreten ist, erfolgte doch der Bruch in der großen Einspannung, weil die Vorsichtsmaßregel versäumt worden ist, das betreffende Seilende mit Bändseln auszulegen. Bei den beiden andern Versuchen erfolgte der Bruch im freien Theil des Seiles. Besonders zu bemerken ist noch, daß eine nennenswerthe Verschiebung des Seiles in seiner Befestigung nicht stattfindet. Das Herausnehmen des Seiles durch Erhitzen geht sehr leicht von statten.

Die Drähte waren vollständig unbeschädigt und zeigten namentlich an den Uebergangsstellen zum Metall keine Einschnürungen, was der Fall gewesen wäre, wenn beim Eingießen des Metalles ein Ausglühen erfolgt wäre. (Vergl. „Untersuchungen über gelöthete Drahtseile" — Mittheilungen aus den technischen Versuchs-Anstalten 1888. Ergänzungsheft II.).

F. Kauschen mit Schellen.

Zwei Kauschen mit 4 Paar Schellen wurden von der Firma Felten & Guilleaume geliefert. Die Stücke sind mit den Buchstaben a und b bezeichnet.

Konstruktion und Abmessungen ergeben sich aus Fig. 31—35.

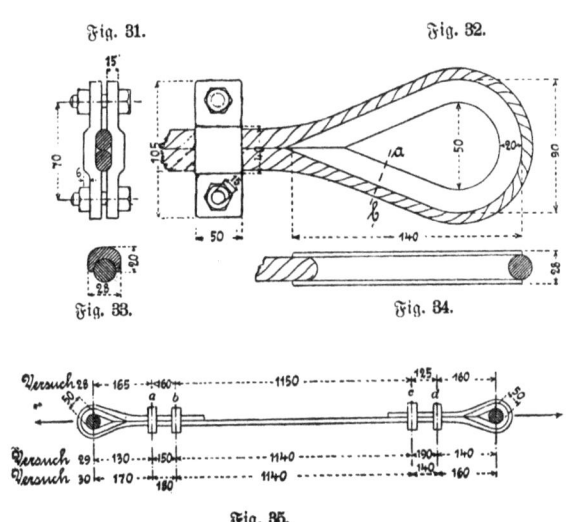

Die Kauschen bestehen aus einer schmiedeisernen herzförmigen Einlage, um welche sich die Seilschleife legt, deren Enden durch 2 Paar Schellen zusammen gehalten werden.

Entgegen den früher benutzten Schellen, welche die beiden Seilenden gegen einander preßten, klemmen die hier gebrauchten die beiden Seilenden von der Seite her fest, so daß sie nicht auf einander gepreßt werden.

Versuchs-Ergebnisse.

Zu den Prüfungen wurde Seil b benutzt.

Tabelle 14.

Be-lastungen t	Verschiebungen bei Marken in mm				Bemerkungen
	a	b	c	d	
0,5	0	0	0	0	**Versuch 28.** Kauschen a und b werden eingelegt, die Schellen so fest wie möglich angezogen. Maße Fig. 35.
1,0	—	—	—	—	
1,5	—	—	—	—	
2,0	—	—	—	—	
2,5	—	—	—	—	
3,0	—	—	—	—	
3,5	0,5	—	—	1	
4,0	2	—	—	1,5	Die Schellen werden nachgezogen.
4,5	—	—	—	—	Die Kauschen stellen sich allmählich schief. Fig. 36.
5,0	—	—	—	—	Die Marken verschwinden zwischen den Schellen.
8,75	Bruchlast				Bruch zwischen den Schellen b, zuerst eine, gleich darauf 2 weitere Litzen gerissen. Die Kauschen sind wenig verbogen. Fig. 37.

32 Seilverbindungen für Fahrstuhlbetrieb.

Be- lastungen t	Verschiebungen bei Marken in mm				Bemerkungen
	a	b	c	d	
0,5	0	0	0	0	Versuch 29. Kauschen a und b werden wieder benutzt. Maße Fig. 35. Die Marken werden diesmal in hinreichendem Abstande von den Schellen gemacht.
1,0	—	—	—	—	
1,5	—	—	—	—	
2,0	—	—	—	—	
2,5	—	—	—	1	
3,0	—	—	—	1,5	
3,5	—	—	—	2	Schellen angezogen.
4,0	1	—	—	2,5	
4,5	1,5	1	1,5	3	
5,0	2	2	2	4	Fig. 38.
5,5	4	4	4	5	
6,0	6	6	—*	16	* Marke zwischen den Schellen verschwunden.
6,5	11	11	—	18	
7,0	12	12	—	27	Die Kauschen drehen sich beide sehr stark. Fig. 38.
8,75	Bruchlast				Bruch zwischen den Schellen b, zuerst eine, gleich darauf 2 weitere Litzen gerissen. Durch die Schiefstellung sind die Kauschen noch etwas mehr verbogen.
0,5	0	0	0	0	Versuch 30. Kauschen a u. b werden wieder benutzt. Maße Fig. 35.
1,0	—	—	—	—	
1,5	—	—	—	—	
2,0	—	—	—	—	
2,5	—	—	—	—	
3,0	—	—	—	—	
3,5	2	2	1	0	
4,0	5	5	1	0	Fig. 39.
4,5	11	11	2	0	
5,0	15	15	3	1	
5,5	17	17	7	5	
6,0	30	30	12	10	Kauschen verbiegen sich stark. Fig. 39. Die Spitzen klaffen auseinander.
6,5	34	34	15	14	
7,0	—	37	24	—	Beide Kauschen haben die Form Fig. 40.
7,5	—	42	30	—	
8,75					Das Seil zieht sich zwischen den Schellen b durch; dieselben können nicht mehr nachgezogen werden, da die Innenflächen bereits vollständig aufeinander liegen. Fig. 41.

Die Kausche dient dem Seil nur als Schutz — die eigentliche Verbindung erfolgt durch die Schellen.

Die Kauschen stellten sich stets schief ein und erfuhren entsprechende Verbiegung. Die Schellen kamen immer, wie beim Reibungs-Seilgehänge, in schiefe Lage und waren Ursache, daß das Seil abgekniffen wurde.

Seilverbindungen für Fahrstuhlbetrieb.

G. Otis-Gehänge für 18 mm-Seile.

Vier Gehänge, bereits mit Seilstücken von Seil d ausgerüstet, wurden von der Firma Otis Brothers & Co.-New-York geliefert. Die Stücke sind mit den Buchstaben a—d bezeichnet.

Konstruktion und Abmessungen ergeben sich aus Fig. 42—44.

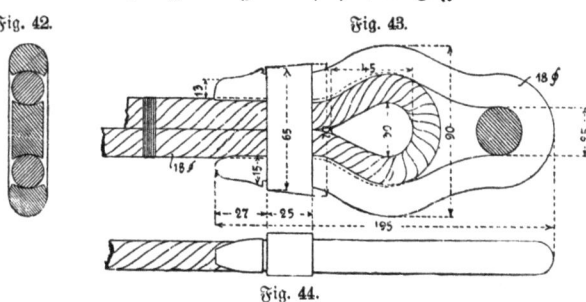

Fig. 42.   Fig. 43.

Fig. 44.

Das Seil wird zu einer sehr kleinen Schleife gebogen und in eine handförmige Klammer geschoben, deren innere Bearbeitungsfläche sich eng an die Seilform anschmiegt. Ueber die Klammerenden wird ein Ring geschoben, welcher alsdann von den Nasen an denselben vor dem Herunterrutschen bewahrt wird. In das Innere der Seilschleife wird ein herzförmiges Gußstück eingetrieben. Da die Firma die Versicherung abgab, daß ihre Gehänge stets nur mit Seilen von 16 mm Durchmesser für Aufzüge benutzt werden, so wurde zugestanden, daß die Gehänge mit solchen Seilen ausgerüstet geliefert werden konnten. Zugleich sandte aber die Firma auch Stücke mit Seilen von 18 mm Durchmesser ein, welche beim Versuch die nachstehenden Ergebnisse lieferten.

Versuchs-Ergebnisse.

Vorbemerkungen: Zu den Prüfungen wurden die von der Firma Otis Brothers & Co. gelieferten Seile d von 18 mm Durchmesser benutzt. Die Gehänge waren an dem einen Ende bereits befestigt, das andere Seilende ist in die große Einspannvorrichtung Kortüm'scher Konstruktion eingelegt.

Tabelle 15.

Belastungen t	Seilverschiebung am Ring in mm Marke b	Seildehnungen l = 500 mm	Bemerkungen
0,5	0	0	**Versuch 31.** Gehänge a. Marke wie in Fig. 45.
1,0	16	0,5	
1,5	23	1,0	
2,0	30	1,7	Keil in der Einspannvorrichtung nachgetrieben. 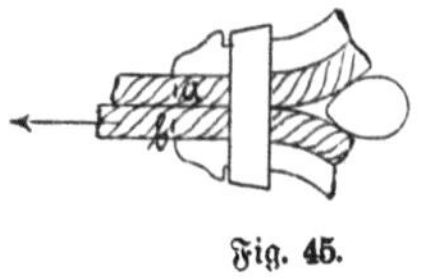
2,5	32	2,3	
3,0	34	2,5	
3,5	37	3,0	
4,0	42	3,3	
4,5	Bruchlast		Der Spannring reißt an der Seite auf. Schlechte Schweißung. Krystallinischer Bruch. Das Seil hat sich im Gehänge weit vorgezogen und einige Drähte sind bereits abgekniffen.

Fig. 45.

34　Seilverbindungen für Fahrstuhlbetrieb.

Belastungen t	Seilverschiebung am Ring in mm		Bemerkungen
	Marke a	Marke b	
0,5	0	0	**Versuch 32.** Gehänge b. Marken wie in Fig. 45.
1,0	—	5	
1,5	—	12	
2,0	—	16	
2,5	—	21	
3,0	2	25	
3,5	2	28	
4,0	2	32	
4,5	Bruchlast		Das Seil wird im Gehänge zerdrückt.
0,5	0	0	**Versuch 33.** Gehänge c. Marken wie in Fig. 45.
1,0	—	10	
1,5	—	16	
2,0	—	20	
2,5	—	24	
3,0	—	26	
3,5	—	30	
4,0	—	32	
4,5	—	34	
5,0	0	40	
5,75	Bruchlast		Das Seil wird im Gehänge zerdrückt.
0,5	0	0	**Versuch 34.** Gehänge d. Marken wie in Fig. 45.
1,0	7	21	
1,5	9	31	
2,0	10	37	
2,5	11	42	
3,0	12	48	
3,5	13	52	
4,0	17	59	Das Seil quillt hinter der Einlage seitlich heraus.
4,25	Bruchlast		Die an der Einlage anliegenden Litzen sind zerrissen.

H. Otis-Gehänge für 16 mm-Seile.

Vier Gehänge, bereits mit Seilstücken von Seil e ausgerüstet, wurden von der Firma Otis Brothers & Co. geliefert. Hiervon sind durch einen Beamten der Firma drei Stück in der Versuchs-Anstalt auseinander genommen. Die Stücke sind mit den Buchstaben a—d bezeichnet.

Konstruktion und Abmessungen ergeben sich aus Fig. 46.

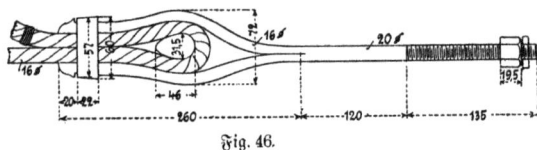

Fig. 46.

Die Wirkungsweise ist genau die gleiche, wie sie unter G beschrieben worden ist. Der Unterschied besteht nur darin, daß die Gehänge H in Schraubenbolzen endigen,

Seilverbindungen für Fahrstuhlbetrieb.

welche zur Verbindung mit dem Fördergeräth dienen, während die Gehänge G eine Oese zur Aufnahme der Verbindungsglieder besitzen. Die Gehänge H sind übrigens mit Rücksicht auf die Zugwirkung einseitig konstruirt, sodaß Seil-Mittellinie und Gehängebolzen-Mitte in eine Linie fallen. In dieser Beziehung war beim ersten Versuch Gehänge b falsch eingespannt worden und mußte daher umgelegt werden. Gleichwohl blieb das Seil am Gehänge b unversehrt, während in Gehänge a, wie in allen bereits von der Firma eingespannten Seilenden, das Seil stark beschädigt war. Mehrere Drähte waren hier ganz abgekniffen, andere stark gedrückt und geschürft.

Versuchs-Ergebnisse.

Zu den Prüfungen wurde Seil e benutzt.

Tabelle 16.

Be-lastungen t	Verschiebungen am Gehänge		Seil-dehnung l = 1000 mm	Bemerkungen
	a mm	b mm		
0,5	0	0	0	**Versuch 35.** Gehänge a und b.
1,0	6	7	1	
1,5	14	11	1,5	Fig. 47.
2,0	21	13	2,0	
2,5	28	16	2,7	
3,0	35	22	3,5	Bruch. Das Seil wird an der Einlage des Gehänges zerdrückt, und zwar da, wo sich die Litze in den Zwischenraum zwischen Einlage und Gehänge zwängte. Fig. 47 bei a.
	Gehänge			**Versuch 36.** Gehänge c und d, beide in der Versuchs-Anstalt eingespannt. Das bereits früher eingespannt gewesene Ende liegt im Gehänge d.
	c	d		
0,5	0	0		
1,0	8	2		
1,5	12	5		
2,0	15	7		
2,5	21	11		
3,0	25	14		Am Gehänge c drückt sich die Einlage seitlich heraus.
3,25	Bruchlast			Das Seil ist im Gehänge c, wie bei Versuch 35, abgedrückt.
0,5	0	0		**Versuch 37.** Gehänge c und d mit demselben Seilstück. Gehänge c ist frisch befestigt.
1,0	9	0		
1,5	13	1		
2,0	14	1		
2,5	19	2		
3,0	21	3		
3,25	Bruchlast			Bruch wie bei Versuch 35 und 36, im Gehänge d.

Bei fast allen Versuchen G und H zeigt sich eine sehr frühzeitige Zerstörung der Seile an den Einspannstellen, welche meistens durch Zerrungen der Litzen und Abkneifen von Drähten eingeleitet sind; schon bei Bildung der sehr kleinen Schleife dürfte das

Seil leiden. Es ist sehr schwer, beim Heraufschlagen des Sicherungsringes ein Berühren und Beschädigen der Seile mit dem Hammer zu vermeiden. Die Zusammenfügung ist überhaupt nicht so bequem, als es beim ersten Anblick der Konstruktion erscheint. Die Beschädigungen der von der Firma gelieferten Seilenden dürften vorwiegend die vorgenannte Ursache gehabt haben. Eine erhebliche örtliche Pressung erleidet das Seil beim Gehänge G durch die während des Versuches auftretende Verdrehung der herzförmigen Einlage bei a — Fig. 48 —; es dürfte vortheilhaft sein, diese Einlage so lang zu machen, daß die Spitze noch mit zwischen den Spannring tritt. Beim Gehänge H ist

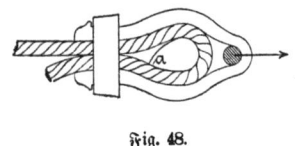
Fig. 48.

die Schiefstellung des Herzens nicht so sehr zu befürchten, weil dasselbe der Zugwirkung des Seiles überhaupt besser Rechnung trägt, indem es von vornherein schief ausgebildet ist. Hierdurch wird auch erreicht, daß die Gehängestange und das Seil in dieselbe Richtung fallen.

J. Schwanenhälse (deutsche).

Fünf Schwanenhälse wurden auf besondere Bestellung seitens des Fabrikanten E. Kortüm-Berlin angeblich nach den in der Praxis üblichen Abmessungen angefertigt. Die Stücke sind mit den Buchstaben a—e bezeichnet.

Konstruktion und Abmessungen ergeben sich aus Fig. 49—51.

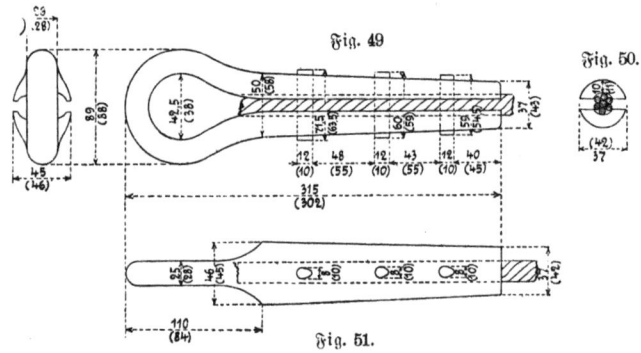

Das Seil wird von zwei Hülsentheilen umfaßt, welche mit der Gehängeöse aus einem Stück geschmiedet sind. Seil und Hülsenlappen sind mit einander durch drei durchgetriebene Niete verbunden. Die Niete haben bei der ersten Form eirunden Querschnitt (Schwanenhälse a, b und c), während sie bei der anderen rund sind (Schwanenhälse d und e). Beide Konstruktionsformen haben etwas abweichende Maße; für die zweite gelten die eingeklammerten Maße von Fig. 49—51.

Für die Vernietung des Seilendes mit dem Schwanenhals wurde durch das eingeschobene Seil und die Nietlöcher ein spitzer Stahldorn getrieben, der oben in die Nietform endet. Der Nietbolzen wurde auf das obere Ende dieses Dornes gesetzt und mit demselben gleichzeitig durch das Seil getrieben. Die Vernietung erfolgte kalt und mit Versenkköpfen.

Nach Vorschrift sollte die Prüfung so geschehen, daß das eine Ende des Seiles in die große Einspannvorrichtung gelegt und das andere mit dem Schwanenhals versehen

Seilverbindungen für Fahrstuhlbetrieb. 37

war, um von vornherein eine Zerstörung in letzterem zu erzielen. Irrthümlicherweise waren an zwei Seilen je zwei Schwanenhälse befestigt. Als man je einen wieder entfernte, fand sich, daß die Dorne mit ovalem Querschnitt die Litze fast unverletzt gelassen, während die runden Dorne mehrfach Drähte zerstört hatten.

Versuchs-Ergebnisse.

Zu den Prüfungen wurde Seil b benutzt.

Tabelle 17.

Be-lastungen t	Ver-schiebungen mm	Bemerkungen
0,25	0	**Versuch 38.** Schwanenhals a; eiförmiger Nietenquerschnitt.
1,50	0,5	
2,25	1	
3,0	2	
3,5	3,5	
4,0	7	Knacken. — Die Waage sinkt beim Schließen des Ventils sofort.
4,5	12	Knacken. — Drähte reißen innerhalb des Schwanenhalses; nach dem Reißen einer Litze zieht sich das Seil unter Drehung heraus.
0,25	0	**Versuch 39.** Schwanenhals b; eiförmiger Nietenquerschnitt.
1,5	0,5	
2,5	1	
3,0	2	
3,5	3	
4,0	4	
4,5	5,5	
4,75	8	Knacken.
5,0	—	Bruchlast. Am ersten Niet reißt eine Litze, dann zieht sich das Seil heraus.
0,25	0	**Versuch 40.** Schwanenhals c; eiförmiger Nietenquerschnitt.
3,0	0,5	
3,5	1	
4,0	2	
4,5	3	
5,0	4	
5,5	6,5	
6,0	—	Bruchlast. Nach vorhergegangenem Knacken reißt eine Litze im Schwanenhals.
0,25	0	**Versuch 41.** Schwanenhals d; kreisförmiger Nietenquerschnitt.
1	0,5	
2	1	
2,5	1,5	
3	3	Knistern.
3,5	6	
4	9	
4,25	—	Bruchlast. Keine Litze ist völlig durchgerissen, das Seil zieht sich heraus.

38 Seilverbindungen für Fahrstuhlbetrieb.

Belastungen t	Verschiebungen mm	Bemerkungen
0,25	0	**Versuch 42.** Schwanenhals e; kreisförmiger Nietenquerschnitt.
2,0	0,5	
2,5	1	
3,0	1,5	
3,5	3	
3,75	—	Knistern.
4,0	5	
4,50	7	
4,75	—	Knacken. Bruch im Innern des Schwanenhalses.
0,25	0	**Versuch 43.** Schwanenhals e; kreisförmiger Nietenquerschnitt.
1,5	1	
2,0	2	
2,5	6	
2,75	—	Knistern.
3,0	9	
3,5	14	
3,75	—	Knacken.
4,0	—	Bruch innerhalb des Schwanenhalses.

Die Schwanenhälse mit Nieten von eiförmigem Querschnitt zerstören die Drähte weniger und scheinen eine etwas sicherere Verbindung abzugeben, als diejenigen mit kreisrunden Nieten.

K. Schwanenhälse (englische).

Drei Schwanenhälse wurden durch die Firma C. F. Wischeropp-Berlin aus England bezogen. Die Stücke sind mit den Buchstaben a—c bezeichnet.

Konstruktion und Abmessungen ergeben sich aus Fig. 52—54.

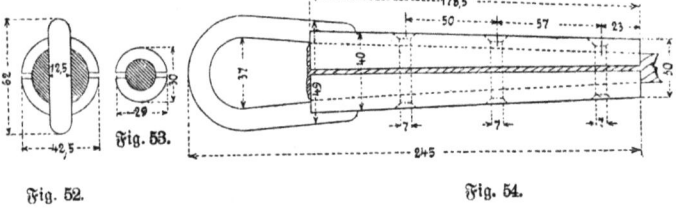

Fig. 52. Fig. 53. Fig. 54.

Die Konstruktion war wesentlich schwächer wie die deutsche, die Arbeit nicht so sauber, als bei letzterer. Hierbei ist ausdrücklich zu bemerken, daß der liefernden Firma die Seilstärke genau angegeben war. Da der Innenraum konisch war, so mußten die Seilenden aufgelöst und durch Umbiegen der Drähte und Umwickelung des so gebildeten Kopfes der Innenraum richtig ausgefüllt werden. Die Niete waren 7 mm stark und versenkt.

Versuchs-Ergebnisse.

Zu den Prüfungen wurde Seil b verwendet.

Tabelle 18.

Belastungen t	Verschiebungen mm	Bemerkungen
0,5	0	**Versuch 44.** Schwanenhals a. Runde Niete 7 mm Durchmesser.
2,0	—	
2,25	—	Die Gehängeöse reißt auf der einen Seite ab, die Bruchfläche zeigt eine Fehlstelle.
0,5	0	**Versuch 45.** Schwanenhals b wie bei Versuch 44.
2,5	1	
2,75	—	Die Gehängeöse reißt, wie bei Versuch 44, Bruch Fehlstellen.
0,5	0	**Versuch 46.** Schwanenhals c wie bei Versuch 44.
2,0	2	
3,0	3	
4,0	5	
4,5	—	Knistern. Die Gehängeöse reißt, wie bei Versuch 44.

L. Baumann'sche Seilklemme (zweitheilig).

Eine Seilklemme wurde von der Dingler'schen Maschinenfabrik in Zweibrücken geliefert.

Konstruktion und Abmessungen ergeben sich aus Fig. 55 und 56.

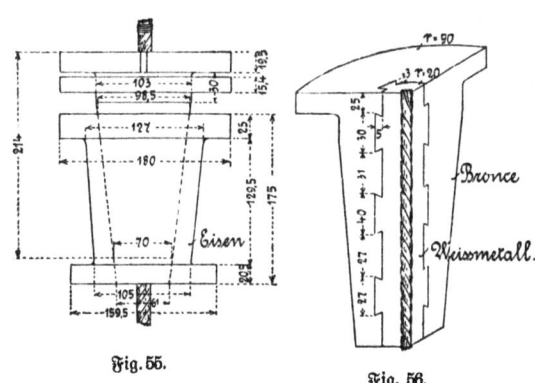

Fig. 55. Fig. 56.

Bei der Baumann'schen Seilklemme wird das Seil von drei Keilen festgeklemmt, welche mit einem Ende des zu prüfenden Seiles als Einlage mit einer Legirung ausgegossen sind, so daß das Seil mit allen einzelnen Außendrähten in der Eingußmasse abgebildet ist. Die drei Keile sind zusammen außen kegelförmig abgedreht und stecken in einer kegelförmigen Hülse. Ein über die Keile gestreifter Ring soll dieselben beim Zusammenstellen zusammen halten.

Die Einspannung in die Maschine erfolgte nach Fig. 57 und 58.

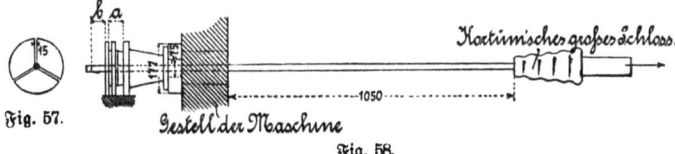

Fig. 57. Fig. 58.

Versuchs-Ergebnisse.

Zu den Prüfungen ist Seil b benutzt worden.

Tabelle 19.

Be-lastungen t	Verschiebungen an Marken		Bemerkungen
	a	b	
0,5	0	0	**Versuch 47.** Marke a mißt die Verschiebungen der Keile gegen das Schloß; Marke b diejenigen des Seiles gegen die Keile.
1,0	1	—	
1,5	2	—	
2,0	3	—	
2,5	3,8	—	
3,0	4,6	—	
3,5	5,5	—	
4,0	6,0	—	
4,5	7,0	—	
5,0	7,5	—	
5,5	8,0	—	
6,0	8,5	—	
6,5	9,3	—	
7,0	10,3	—	
7,5	10,9	—	Verschiebungen des Seiles im Schloß fanden überhaupt nicht statt.
8,0	11,7	—	
8,5	12,0	—	
8,75	Bruchlast		4 Litzen brechen am Beginn der Einspannung in die Seilklemme. Die Klemme zeigt keine Beschädigungen, das Einspannende des Seiles nirgend Druckstellen.
0,5	0		**Versuch 48.** Mit der gleichen Klemme, wie bei Versuch 47.
1,0	1,3		
1,5	2,6		
2,0	3,8		
2,5	4,8		
3,0	6,4		
3,5	7,3		
4,0	7,8		
4,5	8,8		
5,0	9,3		
5,5	9,8		
6,0	10,6		
6,5	11,3		
7,0	11,8		
7,5	12,3		
8,0	13,3		
8,5	13,8		
9,0	Bruchlast		3 Litzen reißen zugleich an der Klemme. Die Klemme ist vollkommen unversehrt, ebenso das eingespannte Seilende.

Be-lastungen t	Verschiebungen an Marken		Bemerkungen
	a	b	
0,5	0		**Versuch 49.** Mit der gleichen Klemme, wie bei Versuch 47.
1,0	1,6		
1,5	2,6		
2,0	3,7		
2,5	4,8		
3,0	5,2		
3,5	6,0		
4,0	6,4		
4,5	7,2		
5,0	8,0		
5,5	8,4		
6,0	9,1		
6,5	9,8		
7,0	10,3		
7,5	11,2		
8,0	12,0		
8,5	12,3		
9,0	Bruchlast		3 Litzen reißen zugleich an der Klemme.

M. Baumann'sche Seilklemme (dreitheilig).

Eine Seilklemme wurde von der Dingler'schen Maschinenfabrik in Zweibrücken geliefert.

Konstruktion und Abmessungen ergeben sich aus Fig. 59 und 60.

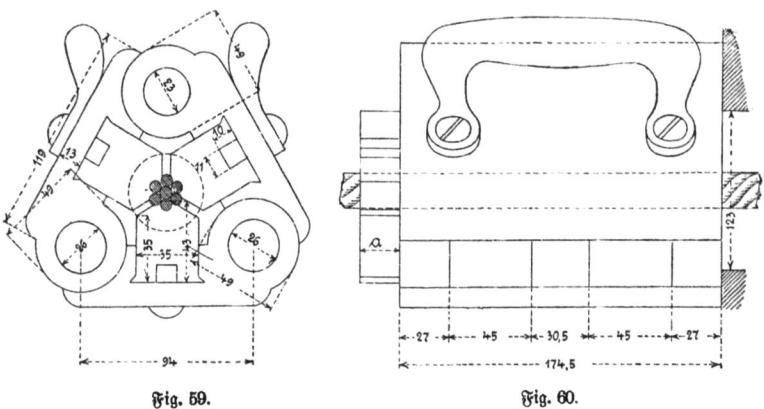

Fig. 59.   Fig. 60.

Bei dieser Form der Baumann'schen Klemme sind die Keile ebenso, wie bei der Form L, mit Weißmetall ausgegossen, die Keile selbst sitzen aber in einer um 2 Scharniere auseinanderklappbaren dreitheiligen Hülse, welche durch einen in das dritte Scharnier gesteckten Stahlbolzen zusammengehalten werden.

Die Befestigung in der Maschine erfolgt ebenso, wie bei Form L Fig. 57 und 58.

Versuchs-Ergebnisse.

Zu den Prüfungen wurde Seil b benutzt.

Tabelle 20.

Be-lastungen t	Verschiebungen an Marken		Bemerkungen
	a	b	
0,5	0	0	**Versuch 50.**
1,0	1,5	—	
1,5	3,0	—	
2,0	—	—	
2,5	4,0	—	
3,0	4,5	—	
3,5	6,0	—	
4,0	—	—	
4,5	6,5	—	
5,0	8,0	—	
5,5	9,0	—	
6,0	—	—	
6,5	—	—	
7,0	10,0	—	Die Keile gehen ruckweise vor.
7,5	10,5	—	
9,0	Bruchlast		4 Litzen reißen an der Klemme.
0,5	0		**Versuch 51.**
1	1,5		
2	4,0		
3	5,5		
4	7,0		
5	8,5		
6	10,0		Die Keile gehen ruckweise vor.
7	10,5		
8	12,5		
9	Bruchlast		5 Litzen reißen an der Klemme.
0,5	0		**Versuch 52.**
1	1,5		
2	3,5		
3	5,0		
4	7,0		
5	8,5		
6	10,0		
7	11,0		
9	Bruchlast		3 Litzen reißen an der Klemme. Die 4. Litze zeigt an der Seilbruchstelle mehrere eingeschnürte und auch gebrochene Drähte.

Zu bemerken ist, daß bei der Baumann'schen Klemme regelmäßig die Seile unmittelbar an der Eintrittsstelle in die Klemme gerissen sind. Dieser Fall tritt auch bei dem Kortüm'schen Schloß dann leicht ein, wenn die Keile gleich am Anfang zu stark pressen. Bei der konischen Seilbüchse mit Metalleinguß ist dies nicht beobachtet, jedoch ist die Zahl der Versuche sehr klein und es kann wohl erwartet werden, daß bei weiteren Versuchen ein Bruch an der Einspannung mehrfach gefunden sein würde. Die genannten Konstruktionen wirken gleichartig und man erreicht mit ihnen hohe Verbindungsfestigkeiten.

N. Becker'sche Seilverbindung.

Es sind zwei Verbindungen vom Fabrikanten E. Becker-Berlin, bereits mit dem Seil f verbunden, eingesandt worden. Die Stücke sind mit den Buchstaben a und b bezeichnet.

Konstruktion und Abmessungen ergeben sich aus den Fig. 61 und 62.

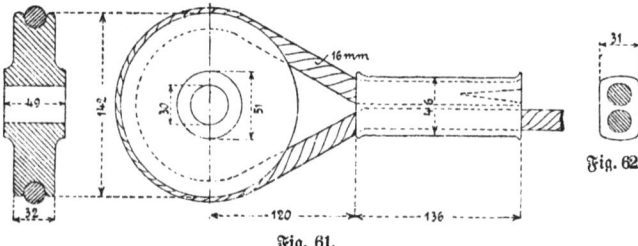

Fig. 61.   Fig. 62.

Das Seil ist um eine Rolle geschlungen und die Schleife durch eine übergeschobene Hülse geschlossen, in welcher es mit Blei vergossen worden ist. In das freie Seilende ist außerdem ein zugespitzter Dorn von 12 mm Durchmesser und 63 mm Länge eingezogen.

Bei den Versuchen sind die freien Seilenden in der großen Seil-Einspannvorrichtung befestigt.

Versuchs-Ergebnisse.

Zu den Prüfungen ist Seil f verwendet.

Tabelle 21.

Belastungen t	Verschiebungen a	Bemerkungen
0,5	0	**Versuch 53.** Markenlage s. Fig. 63.
3,0	1	
4,25	3	Fig. 63.
4,50	9	
5,00	20	Bei c ist Verschiebung 4 mm.
8,75		Das Seilende c d zieht sich allmählich ganz heraus — das Seil ist vollkommen unversehrt.
0,5	0	**Versuch 54.** Markenlage s. Fig. 63.
3,5	—	Das Herausziehen beginnt.
5,5	—	Die Wage fällt plötzlich ab, das Ende gleitet mehrere Millimeter mit einem Ruck heraus.
9,75	—	Kommen nach langsamem Herausziehen des Endes wieder zum Einspielen. Gleich darauf reißen 3 Litzen des Seiles am Beginn des eingegossenen Metalls.

Tabelle 22. Schluß-Uebersicht über die Versuchs-Ergebnisse.

Seilverbindung	Benutzt wurde Seil Nr.	Bruch der Verbindung oder der Seile in derselben. Bruchlasten in t, Versuch					Bruch der Seile neben der Verbindung			Bruch der Seile im freien Theil			Verbindungsfestigkeit in t			Seilfestigkeit nach Tab. 3	Verhältniß der Verbindungsfestigkeit zur Seilfestigkeit		Bemerkungen
		a	b	c	d	e	a	b	c	a	b	c	Mittel	größte	kleinste	Mittel	größte	kleinste	
A. Kortüm'sches Schloß (alte Konstr.)	a	7,0*)	—	—	—	—	3,7	—	—	3,6	3,6	—	3,70	3,7	3,7	3,65	101	—	—	*) Bruch des Schlosses.
do.	b	—	—	—	—	—	9,0	9,0	—	—	—	—	8,33	9,0	7,0	8,94	93	100	78	*) do.
B. Kortüm'sches Schloß (neue Konstr.)	c	10,0*)	11,5	—	—	—	—	—	—	—	—	—	10,75	11,5	10,0	12,00	90	96	83	*) do.
C. Reibungsseilgehänge ohne Schellen	b	—	—	—	—	—	9,1	9,0	9,0	—	—	—	9,03	9,1	9,0	8,94	101	102	100	
do. mit Schellen	b	—	—	—	—	—	7,75	—	—	—	—	—	7,75	—	—	8,94	78	—	—	
D. Konische Seilbüchse mit Ring	b	4,0	4,25	6,25	6,5	6,5	8,75	—	—	—	—	—	8,75	8,75	8,75	8,94	98	98	98	
	b	6,5	7,25	7,5	8,0	8,0	—	—	—	—	—	—	6,48	8,0	4,0	8,94	72	89	45	Alle Seile reißen gleichmäßig an den umgebogenen Drahtenden.
E. Konische Seilbüchse mit Einguß	b	—	—	—	—	—	—	—	—	8,8	9,0	8,9	—	—	—	—	—	—	—	
F. Rauschen mit Schellen	b	—	—	8,75	—	—	8,75	8,75	—	—	—	—	8,75	8,75	8,75	8,94	98	98	98	*) Schellen konnten nicht genügend nachgezogen werden.
G. Otis-Gehänge (18 mm Durchmesser)	d	4,25	4,5	4,5	5,75	—	—	—	—	—	—	—	4,75	5,75	4,25	9,13	52	63	47	
H. Otis-Gehänge (16 mm Durchmesser)	e	3,0	3,25	3,25	—	—	—	—	—	—	—	—	3,17	3,25	3,0	5,36	59	61	56	
I. Schwanenhälse, deutsche (eiförmiger Nietquerschnitt)	b	4,5	5,0	6,0	—	—	—	—	—	—	—	—	5,17	6,0	4,5	8,94	58	67	50	
Schwanenhälse, deutsche (runder Nietquerschnitt)	b	4,0	4,25	4,75	—	—	—	—	—	—	—	—	4,33	4,75	4,0	8,94	48	53	45	
K. Schwanenhälse, englische*)	b	2,25	2,75	4,5	—	—	—	—	—	—	—	—	3,17	4,5	2,25	8,94	35	50	25	*) Wegen zu schwacher Konstruktion alle am Bügel gerissen.
L. Baumann'sche Seilklemme (zweitheilig)	b	—	—	—	—	—	8,75	9,0	—	—	—	—	8,92	9,0	8,75	8,94	100	100	98	
M. Baumann'sche Seilklemme (dreitheilig)	d	—	—	—	—	—	9,0	9,0	9,0	—	—	—	9,00	9,0	9,0	8,94	100	100	100	
N. Becker'sche Verbindung	f	8,75	9,75	—	—	—	—	—	—	—	—	—	9,25	9,75	8,75	11,00	84	89	79	

III. Schluß-Uebersicht über die Versuchs-Ergebnisse.
(Hierzu Tabelle 22.)

Mit Bezug auf die Art der erfolgten Zerstörung kann man die im vorigen Abschnitt erhaltenen Versuchsergebnisse in folgende Ordnung bringen.

1. Die Verbindung wirkte so günstig, daß das Seil außerhalb des Körpers zum Bruch kam, und zwar:
    a) das Seil riß in der freien Versuchslänge,
    b) das Seil riß nahe an der Seilverbindung.

2. Die Verbindung wirkte ungünstig dadurch, daß sie
    a) das Seilende zerstörte,
    b) das Seil herausschlüpfen ließ und
    c) im eigenen Körper zu Bruche ging.

In die Gruppe 1 kann man die Mehrzahl der Kortüm'schen Schlösser, das Reibungsgehänge, die konischen Seilbüchsen mit Metalleinguß, die Kauschen mit Schellen und die Baumann'schen Seilklemmen rechnen, während in die Gruppe 2 die konischen Seilbüchsen mit Einlegering, die beiden Arten von Otis-Gehänge, die Schwanenhälse, die Becker'sche Verbindung und zwei der Kortüm'schen Schlösser fallen.

Gruppe 1. Von den hierher gehörigen Seilverbindungen sind unter a einzuordnen: die Kortüm'schen Schlösser alter Konstruktion und die konischen Seilbüchsen mit Einguß. Daß die Kortüm'schen Schlösser neuer Konstruktion nicht gleichfalls Brüche im freien Seil erzeugten, dürfte darin begründet sein, daß die Keile das Seil beim Eintritt in das Schloß schon zu stark gepreßt haben, wenigstens ist nach der früheren Erfahrung der Versuchs-Anstalt bei der alten Konstruktion der Bruch vor der Einspannung oder im Beginn derselben durch diesen Umstand bedingt. Man sieht hieraus, daß die Kortüm'schen Schlösser sich nicht ganz streng in die Gruppe 1a einordnen lassen. Ob dies mit den konischen Seilbüchsen streng der Fall ist, kann nach den wenigen Versuchen nicht wohl entschieden werden und anderweitige Erfahrungen liegen diesseits nicht vor. Es wird vermuthet, daß die Entscheidung, ob bei einer ähnlichen Seilverbindung der Bruch im freien Seil eintritt oder nicht, von der Art des zum Ausgießen benutzten Metalles abhängen wird. Ist dieses Metall sehr wenig dehnbar (bildsam), so ist der Fall denkbar, daß alle Drähte gleich beim Eintritt in das Metall ihre Zugspannung auf letzteres und auf die Büchse übertragen. Die Einspannung wird wie ein scharf abgesetzter Kopf an einem Probestabe wirken. Jede Biegung und seitliche Beanspruchung wird erhebliche Spannungserhöhungen im Uebergangsquerschnitt erzeugen und der Bruch tritt, wie beim Probestab mit scharf abgesetztem Kopf, leicht an der Einspannstelle ein. Ist das Eingußmaterial etwas weicher und bildsamer, so wird die Uebertragung der Seilspannung auf die Büchse mehr in das Innere des Schloßkörpers verlegt und geschieht allmählich. Die Biegungen an dem Eingange in das Schloß können gleichfalls nicht so scharf werden, das Seil wird also hier nicht ungünstiger beansprucht, als in der Mitte, und nun tritt der Bruch mit Wahrscheinlichkeit im freien Seil ein, weil hier die Querschnittsverminderung nicht wie im Schloß durch Verhinderung der Längenausdehnung beeinträchtigt ist, und weil an sich die Wahrscheinlichkeit, daß die schwächste Stelle im freien Seile liegt, größer ist, als daß sie gerade am Ende sich findet. Ist die Eingußmasse zu weich (wie bei der Becker'schen Verbindung), so zieht sich das Seil heraus. Man hat bei Auswahl des Metalles zum Ausgießen aber auch noch darauf zu achten, daß der Schmelzpunkt der Legirung an sich nicht so hoch liegt und ferner, daß das Metall nicht so heiß eingegossen oder das Schloß nicht so stark vorgewärmt wird, daß die Festigkeit der Drähte an der Einmündungsstelle etwa durch Ausglüh= wirkungen sich vermindert. Auch unter diesen Umständen tritt ein vorzeitiger Bruch des Seiles an der Einspannstelle ein.

Bei den vorstehend genannten Seilverbindungen tritt das Seil aus dem Schloß genau in der Zugrichtung heraus und erfährt durch Erzeugung von Biegungsmomenten infolge ungleicher Spannungsvertheilung keine vermehrte Beanspruchung. Bei Konstruk= tionen der Gruppe 1b ist das Gleiche der Fall wie bei der Baumann'schen Seilklemme. Bei beiden Konstruktionsformen derselben ist das Seil stets nahe der Einspannung gerissen und man wird die Begründung hierfür wohl in dem Voraufgeführten suchen müssen. Bei den beiden andern hierher gehörigen Konstruktionen, dem Reibungsseil= gehänge und den Kauschen mit Schellen tritt immer eine einseitige Beanspruchung der einzelnen Theile der Verbindung ein, die Seilachse geht nicht von Anfang an durch die Angriffspunkte der Kraft, die Theile der Verbindung stellen sich demgemäß nach und nach schief ein, was durch die Reibungswirkung und Spannungsunterschiede des Seiles zum Theil noch unterstützt wird. Ein Gleiches ist mit den Schellen der Fall und man findet durchweg, daß die Kanten, welche schließlich zum scharfen Anlegen an das Seil kommen, das letztere so stark auf Biegung beanspruchen oder gar einzelne Drähte ab= kneifen, daß nunmehr ein vorzeitiger Bruch an diesen überangestrengten Stellen ein= treten muß.

Hieraus erklären sich ganz gut die nachstehenden

Festigkeits=Verhältnisse der Gruppe 1.

Benennung der Verbindungen	Ab= theilung	Festigkeit der Ver= bindung in % der Seilfestigkeit
1. Kortüm'sches Schloß (wenn man von den beiden zerbrochenen fehler= haften Kortüm'schen Schlössern Abstand nimmt, welche nur 78 bez. 83 % der Seilfestigkeit erreichten)	1 a	100
2. Konische Büchse mit Metall=Einguß	1 a	100
3. Baumann'sche Seilklemme (2theilig)	1 b	100
4. Baumann'sche Seilklemme (3theilig)	1 b	100
5. Reibungs=Seilgehänge	1 b	98
6. Kauschen mit Schellen	1 b	98

Man kann also wohl schlechthin sagen, daß in Gruppe 1 die Seilfestigkeit nahezu erreicht werden kann, namentlich wenn das Seil in der Zugachse aus der Verbindung heraustritt. Da die Betriebssicherheit aber ganz wesentlich auch von der Zuverlässigkeit des Materiales abhängt, so ist die schlechte Beschaffenheit zweier Kortüm'scher Schlösser alter

Konstruktion immerhin ein Faktor, welcher zur Vorsicht bei ihrer Anwendung mahnt. Es dürfte wohl abzuwarten sein, ob die Prüfung mit stoßweiser Belastung dieses Urtheil bestätigen wird. Auch über die Betriebssicherheit der Baumann'schen Klemme wird man sich ein endgültiges Urtheil kaum vor Beendigung der Schlagversuche bilden können.

Gruppe 2. Unter a kann man die Schwanenhälse deutschen Ursprungs und die Otis-Gehänge rechnen, welche zugleich die ungünstigsten Ergebnisse geliefert haben. Man darf es wohl besonders hervorheben, daß auch hier vaterländische Erzeugnisse und Konstruktionen den ausländischen überlegen gewesen sind, ganz besonders aber zeigt sich dies beim Vergleich zwischen den Schwanenhälsen deutscher und englischer Konstruktion. Bei den Schwanenhälsen ist es beachtenswerth, daß man einen geringen Vortheil durch Anwendung von Nieten eiförmigen Querschnittes gewinnen kann, weil diese die Seildrähte nicht in dem Maße beschädigen wie die runden Niete. Man hat aber bei allen Versuchen immerhin nahezu nur die halbe Seilfestigkeit erreichen können. Mit Rücksicht auf den Umstand, daß bei den Schwanenhälsen durchschnittlich ein Seilschlupf von nur etwa 10 mm eingetreten ist und das Seil vor dem Einklemmen, Abkneifen und seitlichen Herausschlüpfen einigermaßen geschützt ist, kann man — wenn nicht wider Voraussetzung die Versuche mit Schlagwirkung ein ungünstiges Ergebniß liefern sollten — erwarten, daß die Verbindungsfestigkeit von etwa 50% auch noch ausreichende Betriebssicherheit gewähren wird. Die Otis-Gehänge versprechen in dieser Beziehung weit weniger günstige Ergebnisse, und trotz der größeren Verbindungsfestigkeit wird man ihnen keine so große Betriebssicherheit, wie den Schwanenhälsen zusprechen dürfen, weil die Theile sich bei weitem leichter lockern, die Seile sich seitlich festklemmen, abkneifen und leichter herausschlüpfen können, als beim Schwanenhals. Die Schlagversuche werden diese Vermuthung voraussichtlich bestätigen.

Zu Gruppe 2b kann man die Becker'sche Verbindung und die konischen Seilbüchsen mit Einlegering rechnen. Die Becker'sche Seilverbindung hätte zweifelsohne mit den Konstruktionen unter Gruppe 1 wetteifern können, wenn zum Vergießen ein etwas weniger bildsames Metall verwendet worden wäre, als es das Blei ist. Bei Anwendung des Bleies beginnt der Seilschlupf bereits mit etwa 3 t Belastung, und obwohl die Festigkeit der Verbindung zu 84% gefunden worden ist, so ist es doch sehr fraglich, ob man nicht dennoch eine verhältnißmäßig geringere Betriebssicherheit in Ansatz bringen muß, weil man weiß, daß das „Fließen" des Bleies schon bei sehr geringer specifischer Inanspruchnahme (etwa 60—100 kg/qcm) beginnt und langsam aber beständig verläuft. Die Schlagversuche werden auch hierüber wohl Aufklärung geben. Noch weniger Vertrauen haben sich die konischen Seilbüchsen mit Einlegering zu erwerben vermocht. Bei ihnen ist man ganz unsicher, und jedenfalls wird man gut thun, den geringsten Werth der gefundenen Verbindungsfestigkeit, 45% bei der Abschätzung ihrer Betriebssicherheit in Anschlag zu bringen, umsomehr, als keine Aussicht vorhanden ist, daß sich diese Konstruktion bei den Schlagversuchen in günstigeres Licht stellen wird.

Unter Gruppe 2c fallen zwei Kortüm'sche Schlösser und alle drei englischen Schwanenhälse. Letztere waren augenscheinlich, abgesehen von der offenbaren Schwächlichkeit der Konstruktion, ein durchaus unsauberes und mittelmäßiges Fabrikat, bei welchem durchgängig die Gehängebügel abgerissen sind. Die Kortüm'schen Schlösser alter

Konstruktion waren wegen erheblicher Fehlstellen und mangelhafter Temperung zu Bruch gegangen. Der Bruch zeigte noch vollkommen das weißstrahlige Gefüge des rohen Tempergusses.

Die Festigkeitsverhältnisse der Gruppe 2 ergeben sich aus der folgenden Tabelle.

Festigkeits-Verhältnisse der Gruppe 2.

Benennung der Verbindungen	Ab- theilung	Festigkeit der Ver- bindung in % der Seilfestigkeit
a) Ohne Ablenkung des Seiles aus der Zugachse:		
7. Schwanenhälse deutschen Ursprungs	2 a	45—67
8. Schwanenhälse englischen Ursprungs	2 c	25—50
9. Konische Seilbüchse mit Einlegerung	2 b	45—89
10. Kortüm'sche Seilschlösser (Versuch 1 und 7)	2 c	78 u. 83
b) Mit Ablenkung des Seiles aus der Zugachse:		
11. Otis-Gehänge	2 a	47—61
12. Becker's Verbindung	2 b	79 u. 89

Man erkennt, daß die Becker'sche Verbindung den übrigen dieser Gruppe über- legen ist und nach Verbesserung ihrer Konstruktion mit den Verbindungen aus Gruppe 1 würde wetteifern können. Läßt man auch noch die beiden Kortüm'schen Schlösser außer Acht, so zeigen alle übrigen Konstruktionen einen ganz erheblichen Fehlbetrag der Verbindungsfestigkeit gegenüber der Seilfestigkeit. Praktisch kann man aber auch mit diesem Ergebnisse zufrieden sein, wenn zugleich die Betriebssicherheit gewährleistet ist (wie es beim Schwanenhals vermuthet werden darf). Denn, da wohl das Seil erheblichen Abnutzungen ausgesetzt ist, nicht so sehr aber die Seilverbindung, so erscheint es gerechtfertigt, für das Seil eine etwa doppelt so hohe Betriebssicherheit zu verlangen, als für die Verbindung.

Verantwortlicher Redacteur: Dr. Hermann Wedding. — Verlag von Julius Springer in Berlin.

If you have any concerns about our products,
you can contact us on
ProductSafety@springernature.com

In case Publisher is established outside the EU,
the EU authorized representative is:
**Springer Nature Customer Service Center GmbH
Europaplatz 3, 69115 Heidelberg, Germany**

Printed by Libri Plureos GmbH
in Hamburg, Germany